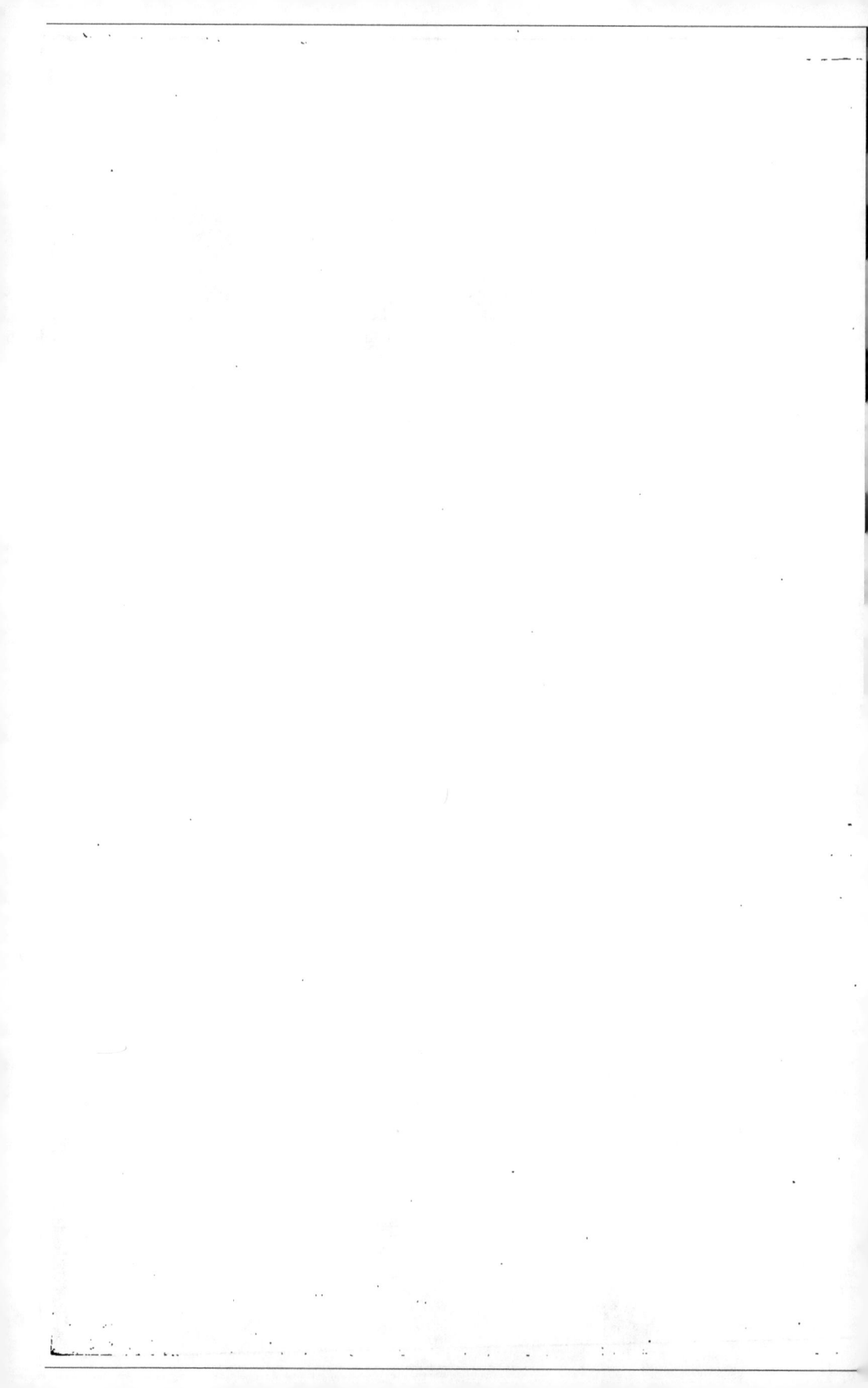

ESSAI

SUR

L'EXPRESSION

ET

L'ESTHÉTIQUE OCULAIRES

AU POINT DE VUE NORMAL ET PATHOLOGIQUE

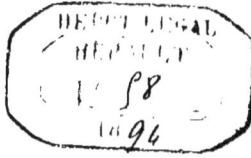

PAR

Le Docteur Georges HENRY

L'œil est le miroir de l'âme.

MONTPELLIER

IMPRIMERIE CENTRALE DU MIDI

(HAMELIN FRÈRES)

1894

ESSAI

SUR

L'EXPRESSION

ET

L'ESTHÉTIQUE OCULAIRES

AU POINT DE VUE NORMAL ET PATHOLOGIQUE

PAR

Le Docteur Georges HENRY

L'œil est le miroir de l'âme.

MONTPELLIER

IMPRIMERIE CENTRALE DU MIDI

HAMELIN FRÈRES

—

1894

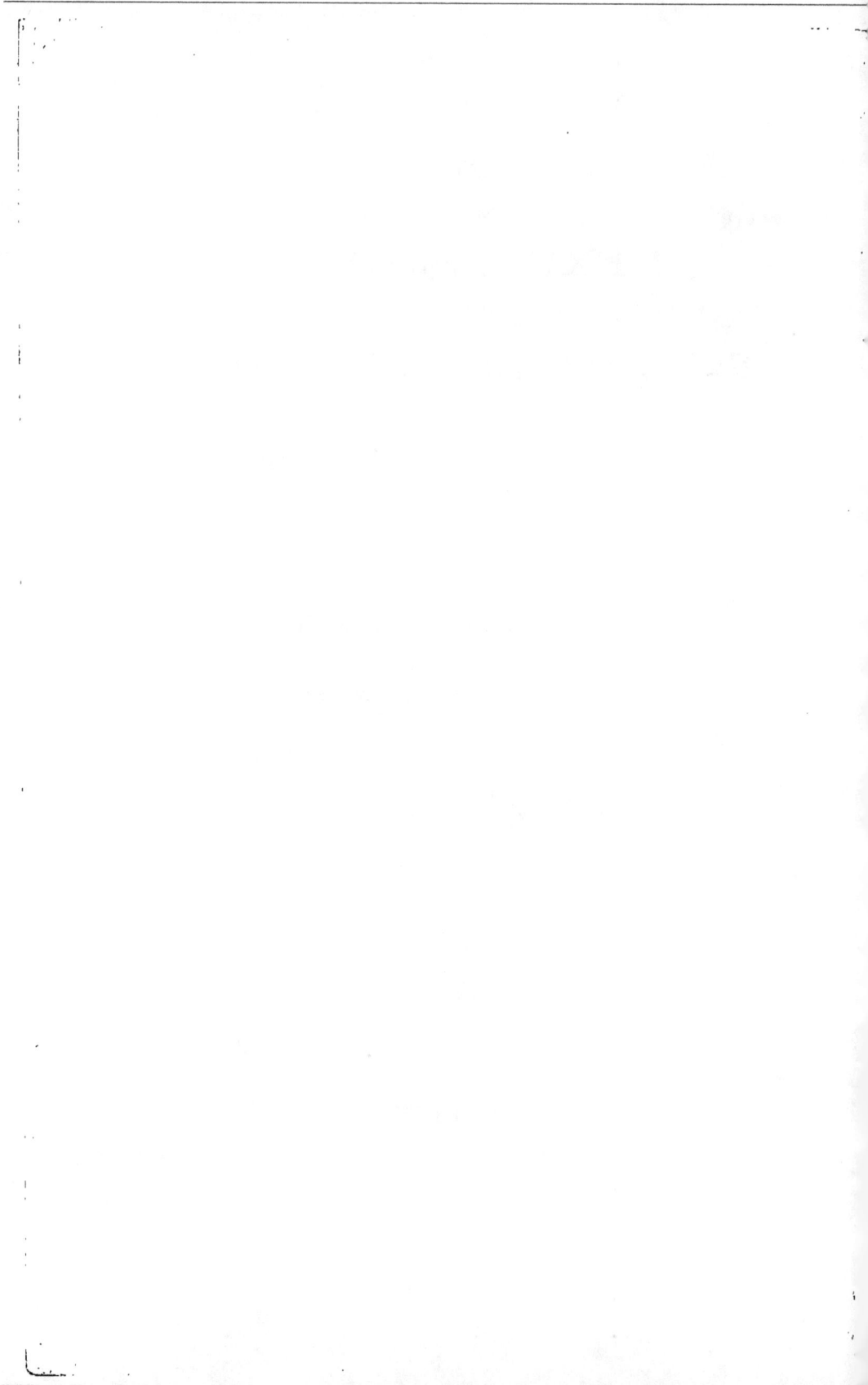

ESSAI SUR L'EXPRESSION

ET

L'ESTHÉTIQUE OCULAIRES

AU POINT DE VUE NORMAL ET PATHOLOGIQUE

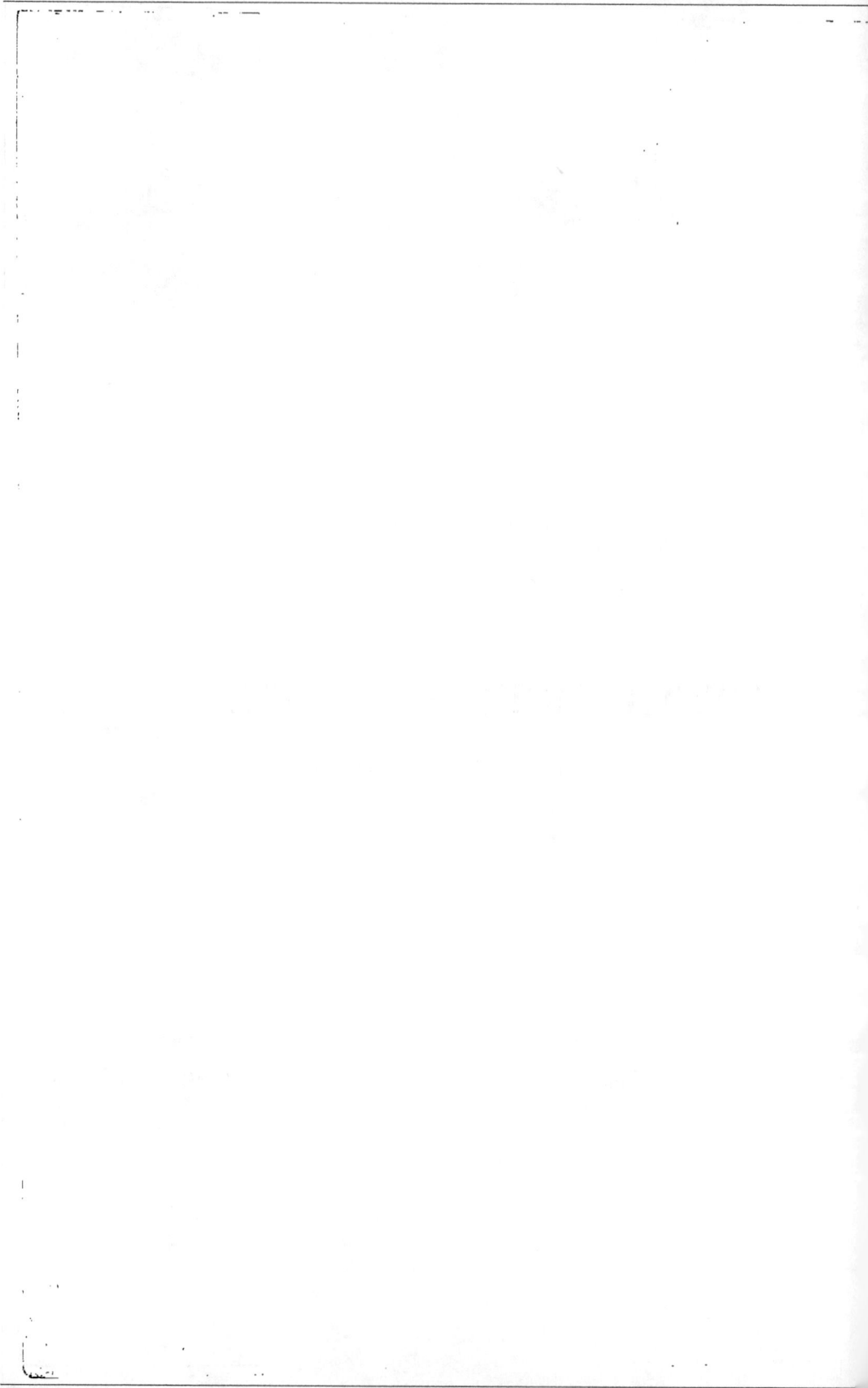

INTRODUCTION

————

De tous les organes sensoriels, l'œil est celui qui joue le plus grand rôle ; c'est lui qui nous met en communication intime avec le monde extérieur, nous permettant de juger de la forme, de l'étendue et de la couleur des objets qui nous environnent ; c'est aussi l'expression vivante de nos sentiments et de nos passions, et ce n'est pas sans raison qu'on a pu dire que l'œil est le miroir de l'âme ; c'est, enfin, l'un des principaux ornements de la physionomie.

L'importance de l'appareil de la vision, au point de vue de l'expression et de l'esthétique, ne semble pas cependant avoir préoccupé spécialement les auteurs, quelques classiques ont seulement esquissé certains côtés de la question.

Nous nous proposons ici d'en faire une étude d'ensemble. Nous n'avons pas la prétention de faire une œuvre originale, mais seulement de donner un aperçu général des notions courantes.

Notre modeste travail n'est donc qu'une simple ébauche susceptible de bien des développements qui comporteraient de longues retouches et de nombreuses figures.

Néanmoins il renferme certains éléments qui pourront intéresser l'artiste, le philosophe et le médecin.

Platon et Aristote sont les deux premiers philosophes qui aient écrit sur la physionomie; ils établissent le principe des ressemblances et comparent l'homme aux animaux.

Le XVIe siècle, et à certains égards le XVIIe, deviennent l'âge d'or de la physionomie astrologique, avec leur cortège de choses mystérieuses et cabalistiques.

Dalla Porta ouvre une ère nouvelle pour l'étude de la physionomie, et recherche comment, d'après le tempérament de tout le corps, on peut conjecturer des mœurs.

Lavater, doué d'un caractère enthousiaste et d'une sensibilité féminine, écrit son fameux livre « destiné à faire connaître l'homme et à le faire aimer », où le sentiment se substitue trop souvent à la science.

Cependant son traité contient des observations très fines et des pensées toujours élevées.

Huschke établit la loi de polarité admise par les naturalistes allemands de cette époque :

« Les sentiments agréables sont expansifs, les sentiments opposés sont contractifs. »

Le physiologiste Charles Bell nous montre la relation qui existe entre les mouvements de l'expression et ceux de la respiration ; il prouve que les muscles qui entourent les yeux se contractent énergiquement durant les efforts respiratoires, afin de protéger ces organes délicats contre la pression du sang.

En 1862, le docteur Duchenne fait paraître son ouvrage « Mécanisme de la physionomie humaine », où il analyse, au moyen de l'électricité, les mouvements des muscles de la face; mais sa théorie, véritablement scientifique, est passible de

A MES PARENTS

A MES AMIS

G. HENRY.

ESSAI

SUR

L'EXPRESSION ET L'ESTHÉTIQUE

OCULAIRES

AU POINT DE VUE NORMAL ET PATHOLOGIQUE

CHAPITRE PREMIER

I

EXPRESSION

1° Expression des sentiments et des passions

CONSIDÉRATIONS GÉNÉRALES

L'ŒIL EST LE MIROIR DE L'AME

Toute expression physionomique est surtout reflétée par les yeux et les parties qui l'entourent, et cela est si vrai que la première chose que nous faisons, quand nous rencontrons un ami, une personne qui nous intéresse, c'est de lire instinctivement dans ses yeux l'état d'esprit dans lequel il se trouve. Nous nous informons de l'état de sa santé, nous étudions les moindres modifications de son visage, et à une légère obliquité de ses sourcils, à ses paupières allongées, au manque d'éclat de ses yeux, nous reconnaissons une souffrance morale ou physique.

Que des pensées sombres nous agitent, notre regard prend un aspect gris et terne. Si le cœur se remplit de haine, tous les mouvements intimes vont se peindre dans les yeux et faire jaillir un éclair menaçant et sinistre.

Que des pensées riantes traversent notre esprit, et notre œil reflètera par un éclat plus doux, une couleur plus profonde, l'état de notre âme.

L'œil peut donc revêtir mille caractères divers :

Il sourit, il flatte, il appelle, il menace ;

Il imprime au regard toutes les nuances ;

Il est tendre, amoureux, plein de finesse, de fausseté et de franchise.

Non seulement les passions se décèlent sur la physiono- mie, mais encore l'habitude de s'y livrer, et même de les si- muler, imprime aux traits de la face, tantôt une mobilité ex- traordinaire, tantôt une expression permanente.

Plus l'homme a éprouvé de sentiments dans sa vie, plus la mobilité de la physionomie est grande. Aussi est-elle plus développée chez l'homme dont le moral est cultivé, que chez celui dont l'esprit est inculte.

Les noirs chagrins, la jalousie, l'envie, l'ambition, sont gravés quelquefois en traits ineffaçables sur le visage de ceux qui sont maîtrisés depuis longtemps par ces affections de l'âme.

Nous allons résumer dans un tableau d'ensemble les prin- cipales expressions, en les décrivant, à l'exemple du profes- seur Mantegazza, en trois grandes classes ;

1° Les expressions sensitives ;

2° Les expressions des passions ;

3° Les expressions intellectuelles.

Nous ferons une étude à part des expressions perma- nentes.

l'objection suivante : Que devient la volonté dans ces mouvements musculaires, provoqués par des causes extérieures ?

L'anatomiste Gratiolet, dans une série de conférences faites
à la Sorbonne, établit la loi des mouvements sympathiques,
symboliques et métaphysiques, mais il néglige de nous parler
de l'habitude héréditaire, qui joue cependant un si grand
rôle dans l'association de nos mouvements.

Mais c'est assurément l'ouvrage de Darwin : « L'expression des émotions chez l'homme et chez les animaux », qui a
le plus attiré l'attention des savants, en ravivant l'intérêt qui
s'attache à ce sujet.

Dans une méthode toute nouvelle et avec une persévérance
infatigable, il réunit une quantité d'observations personnelles
et étrangères, où il s'efforce de démontrer que les mimes et
les gestes sont nés, dans le cours de périodes très longues,
par l'habitude et l'hérédité.

Le professeur Mantegazza, partisan convaincu de la doc-
trine de Darwin, mais trouvant que ses lois sont confuses et
mal formulées, énonce ces mêmes principes de la façon suivante :

1° Il y a une mimique utile, défensive ;

2° Il y a des faits mimiques, sympathiques. »

Si nous ajoutons, pour finir, l'ouvrage du Dr Piderit aux
observations des physiologistes et psychologues Wundt, Bain
et Spencer, nous aurons fait l'historique complet de la question.

Maintenant, qu'il nous soit permis de remercier MM. les
professeurs de la Faculté pour l'accueil bienveillant que nous
avons reçu à notre arrivée à Montpellier, et, en particulier,

x

M. le professeur Truc, pour l'honneur qu'il nous a fait en voulant accepter la présidence de notre thèse.

Qu'il veuille bien recevoir, pour les bons conseils qu'il nous a donnés et pour la franche et véritable amitié qu'il nous a toujours témoignée, l'assurance de notre sympathique dévouement.

Nous avons adopté pour l'étude de notre sujet la disposition suivante :

CHAPITRE PREMIER. — *Expression* :

1° Expression à l'état normal des sentiments et des passions ;

2° Expression à l'état pathologique.

CHAPITRE II. — *Esthétique* :

1° Esthétique à l'état normal ;

2° Esthétique à l'état pathologique.

CHAPITRE III. — *Esthétique artistique* .

Origine de l'art.

Expressions sensitives. — Joie, douleur.

Expressions des passions. — Vénération, étonnement, cou-
rage, amour, haine, orgueil, colère, mépris.

Expressions intellectuelles. — Attention, méditation.

Expressions permanentes. — Modestie, pudeur, franchise, intelligence, stupidité, méfiance.

Expression de la joie

L'émotion de la joie naît toujours de sensations agréables ;
elle éveille en nous le sentiment de la vie et se manifeste non
seulement dans les muscles de la bouche, mais étend sa sympathie jusqu'aux yeux, qui reflètent alors un éclat inaccou-
tumé.

Le sourire en est l'expression la plus gracieuse.

Sous son influence, les yeux brillent, les lèvres s'entr'-
ouvrent, les coins de la bouche se relèvent, produisant quelques légers plis autour de la paupière inférieure.

Le rire modéré, qui est l'exagération du sourire, relève
les sourcils en augmentant la contraction des paupières. Si
le rire est continu, bruyant, il devient douloureux ; dans ce
cas, la respiration est troublée, suspendue, saccadée, et la
tension de l'œil augmente et peut apporter un trouble irré-
parable au cerveau et aux organes de la vue. A ce danger, la
nature oppose une contraction énergique des muscles palpébraux ; les rides verticales du front apparaissent à leur tour
et les larmes jaillissent des yeux, d'où l'expression bien con-
nue de « rire aux larmes ».

« La belle dame est enchantée de cette réponse, et le roi
en a ri aux larmes », dit Mme de Maintenon dans une de ses
Lettres.

Le sourire appartient en propre à la bouche, mais il y a

également celui des yeux, et nous en reconnaissons volontiers la signification sur un visage honnête et sympathique.

« Ne crois pas au sourire des lèvres que n'accompagne pas le sourire des yeux », dit un proverbe, le premier peut mentir, le second ne trompe jamais.

L'enfant « frais et souriant d'aise à cette vie amère » exprime clairement sa bonne humeur, en riant volontiers et à propos de rien ; mais c'est surtout dans ses yeux brillants et ingénus qu'il manifeste sa bonne santé et sa joie de vivre.

Considérez-le quand il tette et qu'il ferme à demi ses yeux, noyant sa prunelle sous la paupière supérieure, comme s'il allait dormir, donnant à sa physionomie l'expression du plaisir extatique.

La gaieté bachique de l'homme est aussi très significative : la bouche demi-close, les yeux troublés et la paupière tombante, tel est le masque d'un Silène ou d'un « Faune à la vendange. »

L'action de savourer une odeur, d'entendre une belle musique, provoquent des sensations agréables qui nous portent à fermer les yeux.

Une jeune femme sourit et ferme voluptueusement les yeux en respirant la fleur préférée qu'elle vient de cueillir. Un dilettante, tout entier au sentiment qui l'absorbe, ferme habituellement les yeux, quand l'oreille est délicieusement chatouillée, ne les ouvrant qu'à la dérobée ; car le vrai musicien écoute moins les sons qui le charment, qu'il ne les pense.

La joie et les sentiments tendres présentent quelquefois un caractère mélancolique.

Il n'est pas rare, en effet, de voir un père et un fils pleurer en se retrouvant ensemble, après une longue séparation.

Hector, sur le point d'aller combattre avec les Grecs, fait ses adieux à Andromaque :

« Hector prend son fils dans ses bras ; mais, l'enfant effrayé

à la vue du casque de son père, se rejette en pleurant sur le sein de sa nourrice, et arrache à sa mère un sourire mêlé de larmes. »

(Iliade, chant VI.)

Expression de la douleur

LES PLEURS. — Les sensations affectives sont modifiées dans leurs expressions par l'âge, le sexe et leur caractère même ; car les sensations douloureuses peuvent être physiques, morales ou intellectuelles.

L'enfant qui vient de naître crie, mais ne verse pas de larmes, et ce n'est que plus tard qu'on les voit paraître pour les motifs les plus futiles.

« Chagrin d'enfant et rosée du matin n'ont pas de durée. »

L'homme, dont la sensibilité est plus émoussée, pleure rarement, parce qu'il fait intervenir le sentiment de sa dignité.

Chez la femme, la faculté de souffrir est plus grande ; cette sensibilité, cette soif d'émotion, ce besoin plus grand de se passionner, deviennent son apanage.

Chez elle, les réactions peuvent être violentes, désordonnées même, mais il y a toujours dans le naufrage momentané de sa raison un sentiment religieux qui la domine et la jette dans une prostration bien voisine de la pitié.

Les pleurs sont un grand soulagement à la douleur et à la tristesse, et quel calme n'éprouve-t-on pas, lorsque l'œil sec de désespoir se mouille de bienfaisantes larmes !

Des coups soudains de la destinée, la perte d'une personne qui nous est chère, peuvent produire une telle impression, un tel ébranlement, que l'on ne soit plus en état de comprendre toute l'étendue de son malheur.

Celui qui a vu un homme debout, l'œil sec, devant un grand

malheur qui le frappe, sait combien cette douleur muette est intense et digne de pitié.

Ugolin, voyant mourir tous ses enfants dans les cruelles angoisses de la faim, s'écrie : « Je ne pleurais pas, mais je devins de pierre en dedans. »

Les tendres paroles que nous prodiguons à un ami plongé dans une grande infortune redoublent encore la douleur, et tout le monde sait avec quelle facilité les enfants éclatent en sanglots, quand on les plaint, pour un motif même insignifiant.

Mais aussi, par une sympathie bien naturelle, les larmes provoquent les larmes, même chez les personnes douées de peu de sensibilité, et Shakespeare, faisant allusion au meurtre des enfants d'Édouard, fait dire à Tirrel : « Ceux que j'avais chargés de cette horrible besogne, bien que ce soient des scélérats endurcis, des dogues sanguinaires, émus de pitié et de compassion, pleuraient comme des enfants, en me racontant cette histoire de mort. »

(*Richard III*, acte IV, scène III.)

Dante lui-même, dont la tendresse n'est pas exagérée pour les damnés qui passent devant lui, ne peut s'empêcher de s'écrier en apercevant l'ombre éplorée de Françoise de Rimini : « Ton martyre m'arrache des larmes de tristesse et de pitié. »

Les douleurs visuelles ont une certaine analogie avec les douleurs morales. Lorsque nous regardons un objet trop lumineux, il se produit une sensation désagréable, l'éblouissement, qui fait contracter nos paupières et abaisser le sourcil. De même, quand nous proférons des cris douloureux, nous contractons l'orbiculaire, et l'habitude de répandre des larmes ne serait que le résultat de cette action réflexe et de l'afflux sanguin qui se produit.

Après de grandes souffrances morales, nous tombons dans un grand état d'abattement ; les paupières se relâchent et s'abaissent, et les yeux perdent tout leur éclat ; mais le caractère dominant de la tristesse, c'est l'obliquité des sourcils et la présence de rides verticales à la partie inférieure du front.

Cette particularité n'avait pas échappé aux sculpteurs grecs qui l'ont si fidèlement reproduite, notamment dans la belle figure du Laocoon.

Expression religieuse

Vénération, Admiration, Extase. — L'homme qui prie a le sentiment de sa faiblesse ; instinctivement, il se prosterne, il s'anéantit, et ses yeux tournés vers celui qu'il implore semblent regarder le ciel même.

La vénération consiste à aimer et à admirer ; c'est pour cela que, dans l'expression religieuse, la piété se rapproche jusqu'à un certain point de l'affection, bien que son essence soit le respect, souvent mélangé de crainte. Quand on éprouve ce sentiment, les sourcils se relèvent, les yeux s'ouvrent et s'élargissent, et la bouche s'épanouit dans un sourire.

Si l'admiration s'élève jusqu'à l'extase, la tête s'incline vers l'épaule, et les yeux, levés vers le ciel, se renversent jusqu'à faire disparaître la cornée.

Fromentin décrit ainsi l'extase et la mort de saint François d'Assise : « Il n'a plus de vivant que son petit œil humide, clair, bleu, fiévreux, vitreux, bordé de rouge, dilaté par l'extase des suprêmes visions, et, sur ses lèvres cyanosées par l'agonie, le sourire extraordinaire propre aux mourants, et le sourire plus extraordinaire encore du juste qui croit, espère et attend sa fin. »

Dans l'Inde, le Yôgî, c'est-à-dire le saint, qui aspire à

2

l'union divine, tient son corps immobile, le regard incliné en avant et ne le portant d'aucun côté.

En Chine, les Lao-sé, livres religieux, ont tracé les règles précises à propos de l'extase :

« Les yeux doivent également se fermer, s'ouvrir, se torturer, clignoter méthodiquement et avec mesure; un résultat bien important de cet exercice des yeux, c'est, lorsque les deux yeux se sont tournés longtemps l'un vers l'autre, en regardant la racine du nez, de suspendre, par cette fixité, le flot de pensées, de mettre l'âme dans un calme profond et de la préparer à une somnolence rêveuse qui est comme le passage à l'extase. » (Letourneau.)

Expression de l'amour

L'amour, dont l'expression mérite d'être bien analysée, a des formes très diverses, selon qu'il s'adresse aux sentiments naturels, à la beauté et aux sens.

L'amour qui s'adresse à la beauté exprime bien le désir, mais c'est surtout dans l'admiration que les yeux concentrent toute l'activité de notre âme :

L'œil humide se dirige vers l'objet aimé, se cache à demi sous la paupière, et la pupille, noyée dans l'ombre des cils, donne au regard une expression de douce langueur.

L'amour que l'admiration dirige, né de cette union sublime de l'intelligence et de la vie, laisse à l'homme sa grandeur et ne dépare pas sa beauté ; mais il n'en est pas de même de cet amour qu'un appétit brutal aiguillonne, que les anciens ont mis dans leur figure de satyre aux narines dilatées, aux yeux petits et brillants de convoitise.

L'amour peut s'idéaliser et s'élever par la contemplation dans les régions sereines et exclusives de la beauté de l'âme :

c'est ce sentiment que le plus beau des enfants des hommes a dû inspirer à la plus aimante et à la plus faible des femmes, celle en qui se sont incarnés dans la fragilité, la grâce et le repentir, tous les péchés de la terre.

« Il lui sera beaucoup pardonné, parce qu'elle a beaucoup aimé. »

Comme appendice, et pour terminer ce chapitre, il nous reste à décrire ce que Balzac appellerait la coquetterie de l'amour.

Les femmes s'efforcent souvent de cacher l'intérêt qu'elles portent à une personne aimée, mais seulement aux yeux du monde et non aux yeux de celui qui est l'objet de cette sympathie.

Dans ce cas, elles ne le regardent qu'à la dérobée, de côté, et par un mouvement rapide de l'œil.

Mais, si celui-ci a saisi un de ces regards, elles ne détournent pas les yeux ; et, ce jeu restant invisible aux autres, elles les tiennent fixés sur lui, faisant ainsi comprendre qu'elles désirent être d'intelligence avec lui sans que les autres le sachent.

ATTENTION, ÉTONNEMENT, FRAYEUR. — Lorsqu'une personne parle devant vous, elle sollicite votre attention personnelle ; si elle réussit à la captiver, vous élevez vos sourcils, et les yeux largement ouverts demeurent fixés sur elle. Telle est la mimique de l'attention.

Mais il se peut que la politesse tienne à la vérité vos yeux, ouverts, et, votre pensée étant ailleurs, l'attention de votre regard se fixera bien sur votre interlocuteur, mais les yeux, dans ce cas, convergeront ou divergeront légèrement, et il ne lui sera pas difficile de comprendre que vous êtes distrait et que vous ne l'écoutez pas.

Tel est le caractère de la préoccupation.

Lorsque l'attention est provoquée subitement, elle se transforme en surprise ; dans ce cas, les sourcils se relèvent plus énergiquement, des rides transversales sillonnent le front, et vos yeux très largement ouverts semblent vouloir reconnaître la cause qui a fait naître votre étonnement.

Shakespeare dit : « Ils se regardaient les uns les autres, et leurs yeux semblaient sortir de leurs orbites ; on eût dit qu'ils apprenaient la fin du monde. »

(*Conte d'hiver*, acte V, scène II.)

Dans la frayeur, les sourcils se contractent, les yeux très ouverts et dilatés semblent regarder dans les ténèbres ; le front présente, à l'extrémité interne des sourcils, des sillons profonds et divergents. L'angoisse est alors extrême, et la physionomie empreinte de la plus grande terreur ; les yeux roulent incessamment d'un côté à l'autre, comme s'ils voulaient faire le tour de la tête.

Léonard de Vinci dépeint l'expression de la terreur en termes très frappants, lorsqu'il dit : « Les blessés, les battus, peignez-les avec des visages pâles et des sourcils relevés, le tout, y compris la chair, qui se trouve dessus, recouvert de rides ; peignez les narines au dehors avec quelques plis auprès, plis qui se termineront au commencement de l'œil. Les narines, en tant que causes des dits plis, se soulèveront, et la lèvre supérieure, relevée en arc, découvrira les dents d'en haut, lesquelles, se trouvant séparées les unes des autres, indiqueront des cris lamentables chez les blessés. »

Expression de la colère

La colère est une agitation causée par une douleur, le plus souvent morale, que nous ressentons et qui nous porte à réagir contre les auteurs de notre mal.

Chez l'enfant, elle se traduit par des larmes et des trépignements, et chez la femme à laquelle on a manqué d'égards par un dépit plus vif que violent, plus sensible que redoutable.

L'homme offensé qui contient sa colère devient pâle ; mais, si elle se manifeste, le visage rougit, les sourcils se froncent et les yeux injectés jettent des flammes.

La haine est une colère contenue, mêlée à un sentiment prononcé d'aversion ; la tête se détourne, l'œil ardent fixé de côté se fronce et menace.

Le dédain que nous ressentons quand celui qui nous offense est un être infime et méprisable, est une forme de la haine, mais dans ce cas les lèvres prennent une expression très significative.

« Ne donne pas à ta bouche l'expression du dédain ; elle fut faite pour le baiser et non pour le mépris », dit Gloster à lady Anne dans le drame de Richard III.

Le mépris se rapproche du dégoût : la tête se détourne en partie et se jette en arrière ; l'œil fait de même ; mais c'est surtout dans un seul œil que toute la mimique se concentre ; l'œil qui est le plus voisin de l'objet se contracte si bien qu'on ne regarde plus qu'avec l'œil opposé.

Expression de l'orgueil

C'est un extrême contentement de soi-même.

L'orgueilleux ne se redresse pas, il se raidit ; il ne se dilate pas, il se gonfle ; et, semblable à l'oiseau cher à Junon, il promène un œil dédaigneux, la paupière légèrement baissée, sur tout ce qui l'entoure avec une indifférence de tout ce qui n'est pas lui.

La dignité est la forme la plus belle et la plus élevée de

l'orgueil, et, quoique sa mimique soit plutôt négative, elle se reconnaît à une certaine démarche, soit à une certaine noblesse dans le regard qui vous surprend mais ne vous blesse pas.

La fierté se résume dans un instinct de domination et s'exprime essentiellement dans la hauteur de l'attitude. Ce sentiment, plus intellectuel que sensuel, rend la circulation plus active et détermine une légère dilatation des narines qui frémissent aisément. L'attitude de l'œil est ferme et calme, seulement un léger mouvement du sourcil et du front trahit cet excès d'énergie intérieure, cette conscience de volonté qui contracte le sourcil du Jupiter antique.

La méditation

L'homme qui réfléchit tient ses paupières baissées, l'œil cependant regarde et se dirige; mais les bruits extérieurs nuisent, en général, à la liberté de la pensée; c'est pour cela qu'on réfléchit plus aisément dans une obscurité profonde.

L'expression est parfois plus accusée; non seulement les paupières s'abaissent, mais la tête s'incline et la main se porte vers le front, moins pour le soutenir que pour voiler les yeux.

Les anciens considéraient avec raison cette attitude comme la forme naturelle de la méditation, et Michel-Ange nous en offre le plus bel exemple dans son *Pensieroso*.

La mimique intellectuelle se groupe autour de l'œil, dans ce petit espace de quelques centimètres carrés qui s'étend au-dessus des sourcils et entre eux; c'est précisément là que se manifestent ces rides verticales qui constituent l'acte de froncer les sourcils. Ce muscle a été appelé *le muscle de la réflexion*.

Aussitôt que la réflexion devient intense, comme dans une

grande préoccupation de l'âme, le muscle orbiculaire supérieur se relâche et la mimique devient négative ; l'œil est largement ouvert et la paupière dilatée ; la tête se penche en avant et les yeux, légèrement tournés en haut, sont divergents.

Cette expression vide du regard est très particulière aux penseurs, mais très souvent la bouche s'entr'ouvre et la mâchoire inférieure devient pendante, donnant alors le caractère de la stupidité à leur visage.

Je ne vois pas de figure plus méditative, plus symbolique que celle d'Archimède, qui, pendant que les ennemis détruisaient sa patrie, et que l'un d'eux fond sur lui l'épée à la main, reste immobile et poursuit tranquillement son ouvrage.

Expressions permanentes

Certaines expressions faciales sont le résultat, d'après Stevens (de New-York), d'anomalies de la tension relative de certains muscles moteurs de l'œil.

A l'état de repos de ces muscles, les deux lignes visuelles doivent se rencontrer à un point situé à l'infini ; c'est l'équilibre parfait qu'il désigne sous le nom d'*orthophorie*. Les lignes de visage sont en parfaite harmonie ; l'arc sourcilier est très régulier, il n'est ni trop courbé, ni trop aplati ; la ride arquée qui entoure la paupière inférieure présente la même inflexion que celle décrite par la paupière supérieure ; la bouche a une direction horizontale.

La physionomie de ces personnes est calme et tranquille. Lorsqu'il y a excès de tension des muscles droits internes, les lignes visuelles auraient une tendance à se croiser, sans l'action des muscles antagonistes : c'est l'*ésophorie*. Les sourcils sont abaissés, aplatis ; les paupières sont moins ouvertes et des lignes verticales sillonnent la partie inférieure du front.

La mimique qui résulte de cet état indique la concentration de la pensée ; c'est la physionomie d'une personne qui réfléchit et qui est prédisposée à un travail constant et infatigable.

L'*exophorie* est la prédominance à l'état de repos des muscles abducteurs ; les sourcils forment une courbe très prononcée vers le front, et les rides horizontales quand elles existent, sont placées très haut, les yeux sont plus ouverts, le visage est plus long.

La physionomie reflète l'attention et même un peu d'étonnement, et le caractère serait plutôt contemplatif que réaliste.

L'*hyperphorie* est la tendance de l'une des lignes visuelles à s'élever au-dessus de l'autre ; la figure est asymétrique. Du côté où la ligne visuelle tend à s'élever, le sourcil est déprimé, tandis qu'il s'élève du côté où la ligne visuelle tend à s'abaisser. Ces deux actions contraires changent tout le visage en produisant un manque d'harmonie.

Il nous reste maintenant à étudier l'action des muscles faciaux et leur effet sur l'expression.

Dans l'ésophorie, nous avons vu que, pour neutraliser la prédominance des muscles droits internes, il était nécessaire que des antagonistes exerçassent une tension volontaire et bien limitée ; mais l'influx nerveux peut s'affaiblir pour une cause quelconque et le concours des muscles faciaux devient alors nécessaire.

Le but à atteindre est de renforcer l'action des droits externes dans la rotation en dehors des globes.

« La portion descendante du muscle frontal attire la partie interne du sourcil en bas, et vers le nez, par sa contraction, tout en chassant une certaine portion des tissus sous-jacents dans la direction du canthus interne. Si l'orbiculaire des pau-

pières se contracte en même temps, cette pression sur les
tissus environnants est augmentée et l'action supplémentaire
du tenseur du sourcil, jointe aux efforts de deux autres muscles,
s'ajoute encore à la pression qui déplace les tissus sous-jacents
en dehors et en dedans. Cette pression, si elle n'était modifiée
par d'autres forces, devrait déplacer le pôle antérieur du globe
en dehors et en bas. Mais l'élévateur de la lèvre supérieure
et de l'aile du nez sert en même temps à corriger et à augmen-
ter cette déviation.

La contraction de ce muscle, qui prend son origine à l'os
maxillaire supérieur, non loin du canthus interne, et qui a
son insertion dans la lèvre supérieure et dans l'aile du nez,
chasse une partie des tissus sous-jacents en haut, vers le
canthus interne. » (Stevens.)

Le muscle zygomatique, aidé par l'orbiculaire de la bouche,
intervenant à son tour, prend une direction oblique et contribue, par sa pression sur la portion inféro-externe de l'orbiculaire des paupières, à déplacer ce muscle en dedans.

« Et alors nous voyons, sous l'effort des muscles mention-
nés, une pelote de tissus graisseux s'introduire entre l'œil et
la paroi interne de l'orbite, provoquant un déplacement du
globe en dehors et facilitant de cette façon la tâche des droits
externes. »

Dans l'exophorie, l'action musculaire consiste à éloigner les
tissus de l'angle interne de l'œil.

Le muscle frontal élève les sourcils en haut et en dehors :
l'élévation de la lèvre supérieure et de l'aile du nez dépla-
cent en bas les tissus situés du côté interne de l'œil et les
éloignent de l'orbite. Le zygomatique, au lieu d'avoir une
direction oblique comme dans l'ésophorie, imprime une direction verticale aux rides principales de la face.

Dans l'hyperphorie, nous trouvons les actions propres à
l'ésophorie et à l'exophorie associées l'une à l'autre. Mais c'est

la bouche qui nous révèle l'action exercée par les muscles moteurs de l'œil. « Une lèvre supérieure courte et convexe en haut indique très probablement la présence de l'ésophorie, tandis qu'une lèvre supérieure et une bouche longue et convexe en bas témoignent presque invariablement de l'exophorie. La bouche oblique accuse ordinairement l'hyperphorie. » (Stevens.)

Il existe une autre variété propre à l'hyperphorie, où l'extrémité interne du sourcil est fortement abaissée, tandis que la partie externe est au contraire très relevée : ce sont les « sourcils en ailes d'oiseaux. »

Enfin, certains sourcils sont très abaissés à leurs parties interne et externe, et il en est d'autres où les extrémités internes sont seules relevées.

« Dans les asiles d'aliénés, dit Stevens, où ces expressions faciales sont très marquées, on trouve un champ d'observation très intéressant dans le contraste entre la folie loquace et personnelle de l'exophorique et la mélancolie obstinée et sombre de l'ésophorique. La jeune femme aux sourcils relevés et aux bras levés, atteinte du délire religieux, présente une exagération franche de l'expression exophorique, tandis que le jeune homme aux sourcils abaissés, les yeux dirigés en bas et les mains jointes, plongé apparemment dans une méditation profonde sur un sujet très important, alors qu'en réalité ses pensées n'ont aucune direction particulière, est une caricature involontaire de ses frères ésophoriques plus heureux, qui sont restés maîtres de leurs facultés et savent les appliquer à des buts pratiques. Le vésanique incohérent et capricieux présente souvent les lignes de l'hyperphorie sur son visage irrégulier.

La connaissance des causes de ces différentes expressions faciales, ainsi que de leur influence sur le caractère de l'intellect et sur l'état général, est importante pour l'artiste qui tente de représenter dans le visage d'un portrait idéal le caractère d'un personnage historique. » (Stevens.)

Nous disons d'une personne qu'elle a le regard apathique, quand nous remarquons que les paupières supérieures, comme dans un demi-sommeil, se laissent tomber partiellement sur des globes oculaires dont l'éclat est mat ; on voit alors une zone blanche de la sclérotique entre l'iris et la paupière inférieure. Les yeux ont alors une expression d'indifférence qui ne dénote pas une grande énergie morale ni une grande vivacité intellectuelle ; c'est l'œil endormi des idiots qui frappe l'observateur le plus superficiel.

La vivacité du regard, au contraire, indique une impressionnabilité d'esprit très grande, mais il faut tenir compte de l'état de santé et surtout de l'âge, car, dans la jeunesse, l'œil a un éclat extraordinaire. Luther, Gœthe et Napoléon, sans oublier Richelieu, avaient les yeux particulièrement brillants et si extraordinaires qu'ils frappaient même ceux-là auxquels le rang et le nom de ces hommes étaient inconnus.

Lorsque l'iris occupe une situation intermédiaire entre les paupières supérieure et inférieure et que les cils supérieurs paraissent voiler en quelque sorte un peu l'œil, il reste une partie libre située entre les paupières et le sourcil qui traduit l'équilibre des sentiments et cet état d'esprit dans lequel les passions n'ont encore laissé aucune trace. On peut dire que les affections sont douces, saines et bienveillantes ; c'est le regard habituel de la jeune fille dont le mouvement calme et aisé des yeux exprime généralement la douceur.

Un œil beaucoup plus ouvert que le précédent, et non voilé par les cils de la paupière supérieure, indique que l'équilibre des sentiments est rompu, et le regard prend une expression anxieuse. C'est le propre des personnes timides et craintives de nature. Descartes avait, dit-on, les yeux effarouchés et la mine un peu nocturne ; c'est encore un caractère qu'on retrouve chez les Juifs.

Lorsque l'iris s'abaisse vers la paupière inférieure, tandis que la supérieure arrive à peine à retoucher le rebord supérieur de l'iris, toute la partie intermédiaire au sourcil et à la paupière se trouve abaissée et le regard prend une expression de colère froide : le duc d'Albe, par exemple, dont l'œil de côté, froid, dur et noir, regardait de haut en bas, comme si jamais la lumière n'en avait attendri l'émail.

Celui qui regarde d'habitude, en haut et au lointain, donne à comprendre que sa pensée erre souvent dans la sphère de l'idéal et des illusions ; et plus cette direction s'accentue, chez les penseurs, chez les rêveurs religieux, plus cet espèce de regard devient une habitude. Les yeux reçoivent ainsi peu à peu un cachet physiognomonique original par ce fait que la membrane blanche de l'œil reste plus ou moins visible entre la cornée et la paupière inférieure. Saint François d'Assise et sainte Thérèse avaient le regard extatique ; Beethoven et saint Just avaient une expression rêveuse.

Charles Bell donne l'explication suivante du regard extatique : « A l'approche du sommeil ou d'une défaillance, ou de la mort, les pupilles se dirigent en haut et en dedans, et il pense que, lorsque nous sommes absorbés dans des sentiments pieux et ne faisons pas attention à ce qui se passe autour de nous, nous levons les yeux par un acte inné et instinctif, qui doit être attribué à la même cause que dans le cas ci-dessus. » (Darwin.)

Lorsqu'on veut observer sans être vu, lorsqu'on est attentif, mais que l'on veut paraître indifférent, l'on se tient tranquille, afin de ne pas attirer l'attention d'autrui ; on laisse tomber la tête, et ce n'est que par un regard attentif jeté de travers et en haut vers l'objet observé, qu'on laisse remarquer un intérêt que l'on veut cacher.

C'est le signe de la défiance, c'est le regard des enfants craintifs qui se méfient de tout ce qui est étranger et qui vous épient à travers leurs sourcils.

Il n'est pas rare de trouver des yeux dont la paupière supérieure s'abaisse très bas sur l'iris, sans cependant rien lui enlever de son expression de vigueur; l'ouverture de l'œil est oblique et se dirige en pointe vers les tempes. Cette conformation, sans être un signe infaillible de ruse, trahit cependant cette finesse de combinaison qui caractérise surtout l'adresse des diplomates. Talleyrand et Fouché possédaient en propre cette expression physionomique.

Enfin, les rides verticales du front se remarquent chez les hommes qui ont éprouvé de grands chagrins. Beethoven produisait une impression douloureuse qui tenait à son front couronné de rides. Il avait à lutter contre la maladie et la désillusion, parce qu'une dureté effroyable de l'oreille lui enlevait les plus belles joies de la vie.

Elles se voient aussi chez les penseurs, chez les philosophes dont la vie est spéculative, Locke et Pascal...

Enfin, chez les myopes, dont le clignement répété produit une moue significative.

II

EXPRESSIONS A L'ÉTAT PATHOLOGIQUE

MÉNINGITE. — Dans la période prodromique de la méningite tuberculeuse, les yeux sont cernés, le brillant du regard fait place à un aspect terne; les enfants deviennent tristes et silencieux, et présentent souvent du strabisme.

A la période d'excitation, le regard devient hostile, haineux, irrité. Le petit malade fuit le jour et redoute la lumière, même à travers les paupières closes ; il se blottit contre le mur et clignote des paupières ; il y a du rétrécissement pupillaire.

Dans la période de dépression, la scène se modifie, la torpeur fait place au délire, la conjonctive oculaire, injectée, sécrète en abondance du mucus épais qui voile la cornée, la pupille se dilate, et enfin la « face n'est plus qu'un masque muet d'une terrifiante immobilité. » (Jaccoud.)

HÉMORRAGIE CÉRÉBRALE. — Le malade frappé d'apoplexie est dans la résolution la plus complète ; il a la face congestionnée et les traits déviés vers le côté sain. Le plus souvent la tête est tournée vers le côté non paralysé et les yeux sont déviés du même côté. (Vulpian.)

Cette déviation conjuguée de la tête et des yeux cesse généralement quand l'apoplexie disparaît.

La pupille ne présente rien de particulier ; elle peut être cependant rétrécie ou dilatée ; d'autres fois elles sont iné-gales.

Dans les cas graves, la réaction de la pupille à la lumière est affaiblie. Mais, si l'hémorragie atteint les ventricules, on constate une forte myosis latérale. (Berger.)

Chez les hémiplégiques, on a observé des symptômes dépendant d'une lésion du grand sympathique : rétrécissement de la fente palpébrale avec resserrement de la pupille du côté de l'hémorragie ; mais l'orbiculaire des paupières n'est pas paralysé, contrairement à ce qui arrive dans les paralysies périphériques du nerf facial.

ATAXIE LOCOMOTRICE. — Dans la première période de la maladie, on constate des troubles qui sont ordinairement passagers, comme la chute de la paupière supérieure (ptosis), et du strabisme.

Les pupilles sont fréquemment contractées et inégales, et, chose digne de remarque, elles peuvent encore se mouvoir sous l'influence de l'accommodation, tandis qu'elles restent insensibles à l'action de la lumière. (Argyl-Roberton.)

Dans la période de tabes, c'est-à-dire d'incoordination des mouvements, le malade a de la peine à se tenir immobile, debout, les pieds rapprochés, et, si on lui demande dans cette position de fermer les yeux, il est pris d'oscillations et une chute pourrait en être la conséquence. (Romberg.)

Dans la marche, l'attitude est particulière, il tient les yeux fixés sur ses pieds dont il règle la direction.

Sclérose en plaques. — Les troubles oculaires sont fréquents. Notons d'abord le nystagmus, qui se produit dans la moitié des cas et qui consiste en des oscillations rapides et horizontales des globes oculaires. Les muscles de l'œil peuvent être paralysés partiellement (strabisme) ou en totalité (ophtalmoplégie externe).

On a constaté l'inégalité des pupilles. (Dieulafoy.)

Épilepsie. — Dans la période prodromique de l'attaque, quelques secondes avant le début des mouvements convulsifs, il existe une dilatation rapide et très marquée de la pupille, qui s'accompagne de l'abolition des réflexes à la lumière.

L'attaque débute brusquement, le malade tombe comme foudroyé, les yeux sont convulsés, les pupilles se dilatent d'une façon rapide et restent insensibles à la lumière : c'est la période tonique. Quelques secondes après, des secousses cloniques se succèdent, les yeux roulent dans l'orbite et ne laissent voir que la sclérotique, la face est grimaçante, les pupilles se resserrent, les sourcils s'abaissent et se rapprochent, les paupières à demi fermées sont agitées d'un clignement incessant, qui donnent au malade une expression terrifiante.

Enfin l'orage se calme, le malade tombe dans un état d'assoupissement ; l'attaque terminée, il soulève la tête et promène un regard étonné sur tout ce qui l'entoure.

On remarque alors des oscillations rythmiques des pupilles qui commencent à se dilater.

Dans le vertige, le malade éprouve une sorte d'étonnement, il perd connaissance, il tombe et se relève aussitôt.

Dans l'absence, celui qui en est atteint, éprouve une suspension de l'idéation, le regard devient fixe, hébété, puis deux secondes après il reprend sa conversation ou sa lecture, sans aucune connaissance de ce qui vient de se passer.

Dans ces deux derniers cas qui caractérisent ce qu'on appelle le petit mal, la mydriase est complète avec abolition des réflexes à la lumière.

HYSTÉRIE. — En dehors des attaques, il existe une mobilité particulière du regard, avec des clignements si rapides qu'ils sont parfois fatigants pour l'observateur.

Les contractures des muscles moteurs de l'œil sont très fréquents et le nystagmus exceptionnel.

Pendant l'attaque, les pupilles se dilatent légèrement ou bien présentent une série d'oscillations d'une grande amplitude : ce sont des spasmes cloniques du sphincter produisant alternativement des dilatations et des contractures pupillaires ; c'est un véritable clignotement nerveux.

A la fin de l'attaque, les pupilles reviennent à leur dimension normale.

Dans la grande hystérie, dite épileptiforme, car nous n'avons décrit que l'attaque vulgaire, il y a de la dilatation pupillaire qui augmente encore pendant la période tonique, avec insensibilité à la lumière ; cette dilatation persiste pendant le phase clonique, contrairement à ce qui a lieu dans l'épilepsie.

Au réveil, la pupille revient immédiatement à la normale.

Dans la période cataleptique provoquée, les yeux sont ouverts, le regard est d'une fixité absolue, la pupille moyennement dilatée. Quand la catalepsie se prolonge, les pupilles se dilatent davantage et les yeux se remplissent de larmes qui tombent une à une sur la joue.

Dans l'état léthargique, le malade présente l'aspect extérieur d'une personne profondément endormie.

HYDROPHOBIE. — Les yeux sont brillants, injectés, et fuient la lumière qui peut provoquer les crises.

La pupille est dilatée.

La terreur qui les étreint se reflète dans leur regard agité et brillant.

MALADIES MENTALES

HALLUCINATIONS. — La physionomie des hallucinés porte l'empreinte des idées et des apparitions qui occupent leur esprit et éveillent leurs sens.

L'œil a quelque chose de particulier. Il est souvent volumineux, proéminent, il brille d'un état singulier, les pupilles sont dilatées ; le regard fixé ou mobile est en rapport avec la mobilité des visions ; il exprime tour à tour, la joie la tristesse, la terreur ou la fureur.

Dans certains cas, les paupières sont obstinément fermées pendant des journées, des semaines, des mois.

MANIE AIGUE. — La physionomie du maniaque est très expressive ; elle reflète les émotions qui l'animent : ses yeux sont vifs, brillants, quelquefois injectés de stries sanguines ; l'attitude est surtout énergique.

Lorsque l'accès de manie aiguë doit se terminer d'une manière funeste, la physionomie du malade s'altère, les yeux deviennent menaçants, brillants, et un véritable coma survient. La parésie de la paupière est un signe de mauvais augure.

Lypémanie. — Les lypémaniaques ont une physionomie morne et immobile, le regard est vague, atone, dirigé en bas ; les traits sont grippés, les sourcils froncés, et les rides verticales du front expriment la tristesse et même la souffrance.

Paralysie générale. — Dans la période prodromique, il y a prédominance tantôt des troubles psychiques, tantôt des troubles moteurs.

Dans cette période, il est intéressant de noter « l'inégalité des pupilles chez des gens qui n'ont encore aucune trace de troubles intellectuels et chez lesquels on peut prédire six mois, un an à l'avance, l'explosion des autres accidents. » (Dieulafoy.)

Quand la maladie est confirmée, les pupilles sont largement ouvertes, elles deviennent paresseuses et impuissantes à se contracter à la lumière ; elles restent béantes comme si on avait instillé de la belladone.

Parfois la lésion se limite pour un temps aux nerfs optiques et produit l'amaurose, ou aux nerfs de l'œil avec du ptosis et du strabisme.

Dans sa période terminale, la paralysie est caractérisée par la déchéance intellectuelle et physique de l'individu ; ils deviennent inconscients, indifférents, et ne vivent plus que de la vie végétative.

Imbécillité. — La physionomie est inerte et vague : leur

placidité, silencieuse et indifférente, est traversée par des éclats de rire soudains ; le regard est vague, incertain ; ils présentent souvent du strabisme.

IDIOTIE. — L'expression des idiots, loin d'être calme, a quelque chose de heurté, de grimaçant; ils louchent et ont le regard fuyant.

PARALYSIE AGITANTE. — L'aspect du malade est caractéristique : la face est immobile, inerte ; il semble que les traits n'existent plus ; les impressions ne se réfléchissent plus sur la figure des malades ; les yeux sont immobiles.

Un malade du service de M. Hardy était tel que ses camarades, frappés de cette figure placide, l'avaient surnommé le saint de bois.

Kœnig, qui a bien étudié les troubles qui se rattachent à l'appareil de la vision, a remarqué, au niveau des paupières supérieures, pendant l'occlusion des yeux, un tremblement très apparent et une rigidité très marquée quand on essaie de les soulever.

Le tremblement est vibratoire, permanent, à rythme régulier et à oscillation de petite amplitude.

Il y a lieu de noter, en second lieu, les troubles portant sur les mouvements associés des yeux en haut et en bas du point fixé, le nystagmus latéral, et enfin une réduction de l'amplitude des mouvements oculaires. Les pupilles sont généralement intactes et réagissent bien à la lumière.

CHORÉE. — La chorée débute assez souvent par des spasmes choréiques de l'orbiculaire des paupières. Le clignotement des yeux se produit simultanément des deux côtés, et c'est ce symptôme qui frappe d'abord l'entourage du malade et qu'on attribue à une mauvaise habitude. La pupille, d'après Strümpell, serait fréquemment dilatée.

Lorsque la maladie est confirmée, la face devient grimaçante, « les muscles du visage s'agitent de mille façons, le front se plisse et se déplisse, les sourcils s'écartent et se rapprochent, les yeux tournent dans leur orbite », et c'est la spontanéité et la bizarrerie dans la succession de ces contractions qui donnent au malade « l'expression contradictoire de la joie, du chagrin ou de la colère. » (J. Simon.)

TÉTANOS. — Les yeux ont, dans cette affection, une direction fixe en avant; mais on n'est pas d'accord pour dire si les muscles oculaires participent aux contractions toniques.

La pupille serait rétrécie pour Strümpell; Jacobson, au contraire, l'aurait trouvée dilatée.

Le malade cyanosé, couvert de sueur, ayant conservé toute son intelligence, présente ce rire sardonique étrange et qui semble contraster avec les souffrances qu'il endure.

PARALYSIE DU NERF MOTEUR OCULAIRE COMMUN.— Quand la paralysie est complète, on est frappé tout d'abord par la chute de la paupière supérieure (ptosis).

Le sujet ne peut ouvrir ses paupières, et, pour y remédier, il renverse fortement la tête en arrière, pendant qu'il abaisse, autant que possible, le globe de l'œil au moyen du muscle grand oblique. Cette attitude est caractéristique.

Le globe de l'œil est immobile et dévié en dehors; la pupille est dilatée.

Quand la paralysie est dissociée, on ne constate parfois qu'un seul symptôme isolé, le ptosis dans la paralysie de releveur, la mydriase dans la paralysie du sphincter pupillaire.

PARALYSIE DU NERF MOTEUR OCULAIRE EXTERNE.— On remarque une diminution de la mobilité de l'œil en dehors; du strabisme convergent et l'inclinaison de la tête du côté du muscle paralysé.

PARALYSIE DU NERF PATHÉTIQUE. — Les symptômes sont moins prononcés que dans les autres paralysies, la mobilité de l'œil est à peine diminuée, le strabisme supérieur et interne est à peine marqué, pourtant la tête est inclinée en bas et du côté du muscle paralysé.

OPHTALMOPLÉGIE. — La physionomie du malade est caractéristique ; ses paupières sont tombantes et son front plissé ; les sourcils sont arqués par la contraction du muscle frontal ; les yeux sont immobiles et apparaissent, quand on relève les paupières avec les doigts, comme figés dans de la cire. (Bénédikh.)

Enfin le malade est obligé de suppléer aux mouvements des yeux par les mouvements des muscles du cou. (Dieulafoy.)

HÉMIPLÉGIE FACIALE. — « Le nerf facial étant le nerf qui préside à la mimique de la face, toute expression est abolie du côté paralysé. Il en résulte une déviation des traits et une déformation du visage. Le côté immobilisé offre un étrange contraste avec l'animation de l'autre côté. Le frontal n'exprime plus l'attention, le pyramidal l'agression, le sourcilier la souffrance, le grand zygomatique la joie ; l'œil du côté paralysé paraît plus grand et plus largement ouvert. » (Dieulafoy.)

Quand l'orbiculaire est paralysé, l'occlusion complète de l'œil est impossible ; l'équilibre est rompu au profit de l'élévateur ; le clignement est imparfait et le globe de l'œil reste en partie découvert, même pendant le sommeil ; l'ouverture palpébrale est déformée.

MALADIE DE BASEDOW. — Les yeux du malade prennent une allure singulière : ils deviennent plus brillants que de coutume, plus ouverts ; la pupille, légèrement dilatée, et la sclérotique, plus découverte, donnent au regard une expression bizarre, insolite, quelque chose d'égaré qui va parfois jusqu'à la sauvagerie.

Bientôt les globes oculaires commencent à faire saillie au dehors des cavités orbitaires, et, la fermeture des paupières devenant impossible, il se produit, consécutivement à ce lagophtalmos, du larmoiement et des abcès de la cornée.

Quand le regard est dirigé en bas, la paupière supérieure ne suit pas le mouvement et reste immobile (symptôme de Græfe).

On constate enfin l'élargissement de la fente palpébrale due à la rétraction du tendon de la paupière supérieure (symptôme de Stellwag).

CHLOROSE. — Le visage a un aspect blafard et jaunâtre de vieille cire avec des reflets verdâtres.

Le regard est triste, langoureux, en rapport avec l'apathie du sujet.

PÉRITONITE AIGUE. — La figure est angoissée et le pauvre malade est là, tremblant à la pensée des douleurs atroces auxquelles il sera exposé à chaque mouvement de toux ou de vomissement.

La gravité du mal n'échappe ni au malade, ni au médecin. Le facies est caractéristique, les yeux sont enfoncés dans l'orbite, entourés d'un cercle noir.

FIÈVRE TYPHOÏDE. — Dans la forme adynamique, le malade est plongé dans la stupeur ; quand vous lui parlez, il ouvre des yeux étonnés, marmotte des paroles souvent incohérentes, et retombe ensuite dans son état somnolent et tranquille, que rien ne peut troubler.

MALADIE DE THOMSEN. — On a constaté dans cette maladie, qui se manifeste par une certaine raideur des muscles après leur contraction, des symptômes oculaires. Ainsi, chez un malade, à la suite de mouvements fatigants du corps, Raymond a vu se produire une rétraction des paupières : les yeux devinrent saillants et le regard présenta quelque chose d'étrange. Dans le cours de la maladie, les muscles oculaires augmentèrent de volume. Lorsque le patient fermait fortement les paupières, il ne pouvait plus les ouvrir que difficilement et avec lenteur. Quand il regardait en bas, la paupière supérieure ne suivait pas le mouvement, phénomène analogue à ce qu'on rencontre dans la maladie de Basedow.

Les mouvements de l'iris ne sont pas troublés par le processus. (Berger.)

CHOLÉRA. — La physionomie du cholérique est vraiment caractéristique, surtout dans la période algide. L'expression est tantôt calme, tantôt douloureuse.

L'œil, enfoncé dans l'orbite, n'est qu'incomplètement recouvert par les paupières, dont l'orbiculaire est paralysé. Le malade tourne lentement ses regards vers celui qui lui parle, répond souvent avec justesse et se laisse aller à reprendre automatiquement n'importe quelle position. Des taches noires, d'un bleu sale, apparaissent à la surface de la sclérotique.

La cyanose des paupières dessine profondément le contour osseux de l'orbite, et il est permis de dire que la mort a frappé d'avance les malades de son empreinte. » (Dechambre.)

ONANISME. — Les jeunes gens qui ont contracté la funeste habitude de l'onanisme ont le teint pâle et plombé ; les yeux perdent leur éclat ; ils se creusent ; ils deviennent languissants, nuageux, chassieux.

La pupille est constamment dilatée et la vue s'affaiblit

graduellement, si bien qu'une lecture un peu prolongée amène de la souffrance et des larmes. La conjonctivite et le blépharospasme sont fréquents. (Cohn.)

L'expression du visage est stupide et mélancolique ; les manières trahissent de l'embarras et une certaine timidité.

Phtisie pulmonaire. — L'œil s'est retiré sous l'arcade sourcilière ; tantôt vif et brillant, comme s'il avait ramassé en lui toute l'énergie vitale près de s'enfuir, tantôt voilé par une paupière livide et entourée d'un cercle de bistre ; les tempes et les joues sont creuses et une profonde tristesse se lit dans le regard du malade, qui assiste à son propre dépérissement, tout en conservant dans le fond de sa pensée l'espérance d'une guérison prochaine.

Astigmatisme. — « Les astigmates se servent de leurs paupières comme d'un appareil sténopéique ; ils les ferment de façon à ce que l'ouverture palpébrale représente une fente, puis ils inclinent leur tête d'un côté ou de l'autre jusqu'à ce que cette fente corresponde à un des méridiens principaux. D'autres fois, ils cherchent à obtenir l'effet voulu en exerçant avec le doigt une traction sur la peau près de l'angle externe de l'œil, traction qui rétrécit la fente palpébrale et lui donne la direction reconnue par l'expérience comme la meilleure pour la netteté de la vision.

Un certain nombre d'astigmates hypermétropes prennent l'habitude de mettre les objets qu'ils veulent reconnaître, par exemple le livre dans lequel ils veulent lire, extrêmement près des yeux, se donnant ainsi l'aspect de personnes fortement myopes. » (Meyer.)

Donders a attiré l'attention des observateurs sur l'asymétrie des deux côtés de la face, que l'on constate fréquemment.

NYSTAGMUS. — Nous rencontrons chez beaucoup de personnes des mouvements oscillatoires continuels du globe oculaire, le plus souvent dans le sens horizontal ; ils sont parfois si rapides, et le déplacement qu'ils impriment au globe oculaire si restreint, que l'œil peut paraître fixe, pour peu que l'observateur ne recherche pas avec soin l'état de sa mobilité. Ces malades sont atteints de nystagmus.

Ces mouvements augmentent chez les personnes timides, quand elles voient que l'attention se fixe sur elles ; ils augmentent encore sous l'influence d'excitations morales ou lorsque l'intensité lumineuse du milieu qui les entoure vient à baisser.

On voit souvent survenir du nystagmus chez les enfants nés avec une bonne vue, et qui l'ont perdue peu de temps après la naissance, à la suite de l'ophtalmie purulente, par exemple.

Leurs yeux semblent chercher obstinément les objets brillants ou lumineux qu'on leur présente ; de là des oscillations plus instinctives que volontaires, d'où naît le nystagmus que nous appelons chercheur, et que la volonté plus tard ne pourra plus corriger.

Ces mouvements, d'ailleurs nystagmiques, ne sont pas toujours une cause de gêne pour ceux qui y sont livrés ; dans bien des cas, ils sont commandés par des nécessités optiques et les malades n'en ont pas conscience et ils ne s'aperçoivent pas eux-mêmes des mouvements oscillatoires qu'exécutent leurs yeux.

Il nous reste à parler maintenant d'une classe de travail-leurs, bien intéressante et atteinte de cette affection. Nous voulons parler du nystagmus des mineurs.

Ces sujets offrent le teint pâle, étiolé, particulier aux ouvriers des mines. Le nystagmus ne se produit chez eux que lorsque la ligne du regard est dirigée au-dessus du plan horizontal.

« Il consiste dans un mouvement de va-et-vient de la cornée dans le sens du diamètre vertical ; il en résulte deux genres d'oscillations qui se combinent et alternent parfois chez le même sujet. L'habitus extérieur n'a rien de caractéristique, quand les yeux sont au repos ; il ne le devient que lorsque ces derniers ont pris la position propre à produire les mouvements rapides du globe. La marche des malades a quelque chose de particulier : le nystagmique, en marchant, porte la tête renversée en arrière.

» Il marche généralement en regardant le sol, ce qui repose les yeux et arrête les mouvements, ce qui explique l'attitude du mineur nystagmique. » (Warlomont) (1).

CATARACTE. — Lorsque l'opacité a débuté au centre, le malade verra mieux dans les lieux sombres et dans toutes les circonstances où la pupille se dilate ; c'est ce qui explique l'attitude particulière des gens atteints de cataracte sénile commençante : ils marchent dans la rue, la tête baissée, froncent les sourcils et mettent la main devant les yeux de façon à intercepter les rayons lumineux qui empêchent la dilatation de la pupille ; c'est le contraire, quand l'opacité siège à la périphérie du cristallin.

AMAUROSE.— Les amaurotiques ont une physionomie toute

(1) *Dictionnaire des sciences médicales* de Dechambre, art. NYSTAGMUS, p. 829.

différente qui contraste singulièrement avec celle des cataractés ; ils marchent la tête haute, cherchant la lumière, les yeux levés vers le ciel comme le « psalmiste ».

RÉTINITE PIGMENTAIRE. — Les malades atteints de cette affection, le plus souvent congénitale, sont obligés, pour se conduire, de tourner constamment la tête et les yeux en tous sens, dans le but d'élargir leur champ visuel.

Ce regard mobile, vacillant, inquiet, peut prendre le caractère du nystagmus.

MYOPIE. — Les myopes, considérant des objets qu'ils ne peuvent percevoir nettement, ont coutume de cligner des paupières ; ce clignement répété détermine des rides verticales entre les deux sourcils, ainsi que l'élévation de la lèvre supérieure ; de là une grimace significative.

Les myopes, obligés de rapprocher les objets pour les voir distinctement, ferment souvent un de leurs yeux ou bien tiennent de côté le livre qu'ils ont entre les mains, de manière à ne lire que d'un œil.

STRABISME. — Ce qui frappe tout d'abord chez les strabiques, c'est une position particulière de la tête. C'est ainsi que, dans une paralysie du droit externe droit, le malade tourne la tête à droite déjà dans le regard en avant, et il sera obligé de la tourner d'autant plus que son regard se dirigera plus à droite. ou que son muscle sera plus faible.

S'il s'agit d'une paralysie d'un des élévateurs de l'œil, la tête sera renversée en arrière.

La physionomie du strabique offre aussi d'autres traits caractéristiques : gêné par la diplopie, en proie à un vertige continuel, le malade arrive souvent à découvrir le remède et y remédie en fermant un œil. (Wecker.)

SOMMEIL ANESTHÉSIQUE. — Les variations du champ pupillaire constituent un signe précieux pour suivre les effets de l'agent anesthésique.

Pendant la période d'excitation, la pupille se dilate, et quand la narcose est profonde elle est absolument immobile et punctiforme ; elle se dilate peu à peu lorsque la sensibilité revient.

Mais si, la pupille étant contractée et l'administration du chloroforme étant continuée, on voit celle-ci se dilater soudainement, c'est que la syncope cardiaque ou respiratoire est proche, et il est prudent de retirer immédiatement la compresse et de parer au danger.

AGONIE. — Tous les traits s'affaissent et perdent l'expression de la vie pour se rapprocher de l'immobilité et de la rigidité de la matière inanimée.

La peau du front se tend et se couvre d'une sueur froide. Les paupières, livides et tombantes, ne couvrent qu'imparfaitement le globe de l'œil, de sorte qu'une raie blanche transversale apparaît au-dessous d'elles ; la cornée s'aplatit, se flétrit et se couvre d'une couche de mucus ; le globe de l'œil s'enfonce dans l'orbite et la pupille se rétrécit.

LA MORT. — Les paupières sont à demi ouvertes, le regard est fixe ; entre les paupières on aperçoit le globe de l'œil dont les axes divergents sont dirigés en haut, de sorte que les morts, couchés sur le dos, paraissent regarder au plafond un objet placé derrière la tête. La pupille est dilatée, l'iris immobile ; la cornée se ramollit, perd son éclat, et une tache noire paraît sur la sclérotique.

CHAPITRE II

I

ESTHÉTIQUE

Nous avons tous été élevés dans des idées esthétiques déterminées qui nous confirment, à nous Européens, que notre type physique est le plus harmonieux et réalise la perfection. Nos yeux sont les plus beaux et les plus intelligents du monde, et nous ne comprenons pas les yeux bridés des Chinois et les yeux à fleur de tête des Nègres ; cependant, pour ces deux races, ces signes, associés à d'autres caractères physiques, constituent également la forme idéale, et nous savons qu'à l'École des beaux-arts le professeur d'anatomie doit enseigner les diverses formes du beau dans tous les pays et sous tous les climats, et, par conséquent, être anthropologiste.

Parmi les causes multiples qui concourent à l'expression des yeux, les unes sont fixes et anatomiques, les autres mobiles et physiologiques. Ces dernières ayant été décrites dans le chapitre précédent, il nous reste maintenant à étudier la position, la forme de l'orbite dans laquelle l'œil est contenu et qui sont variables suivant les âges, les individus et aussi suivant les races.

Sans vouloir déterminer ses dimensions précises, qui n'ont pour cette étude qu'un intérêt relatif, nous allons esquisser à grands traits ses caractères anthropologiques.

Tous les anatomistes sont d'accord pour affirmer que la face est asymétrique et que l'orbite n'échappe pas à cette loi générale.

Toutes les recherches qui ont été faites dans ce sens montrent que cette anomalie existe absolument chez toutes les races et dans chaque sexe, et que les Chinois présenteraient l'asymétrie orbitaire la plus prononcée.

Sous le nom d'angle naso-malaire, M. Flower a cherché à donner une mesure de l'obliquité de l'orbite sur le plan méridien vertical du crâne. Ces caractères peuvent s'apprécier à la vue.

Les os malaires, petits et grêles dans les races européennes, sont massifs et projetés en dehors dans la race mongole, ce qui expliquerait l'obliquité des yeux chez les Chinois ; mais ce sont les Esquimaux qui auraient l'angle naso-malaire le plus ouvert.

La saillie des arcades sourcilières, très développée chez les Européens, est faible chez les Nègres d'Afrique, chez les Malais, et du reste dans toutes les races jaunes.

Quant à la largeur interorbitaire, on est frappé par les différences très grandes relevées chez les individus des diverses races.

Aussi la plus grande largeur a été signalée par Broca chez un Savoyard, et la plus faible chez un Javanais et un Polynésien.

Mais un des caractères importants à connaître, c'est l'angle que font ensemble les deux grands axes des orbites ; en toutes circonstances il est largement obtus et ouvert en bas, mais quelquefois, comme dans les races chinoises, les deux lignes se redressent jusqu'à devenir horizontales ; mais jamais ce redressement ne va jusqu'à produire un angle ouvert en haut, comme le ferait croire la disposition des ouvertures palpébrales sur le vivant dans les mêmes races.

Étudions maintenant la forme de l'orbite. Il y a des orbites rondes, triangulaires, quadrilatères, etc.

Broca, qui a établi d'une façon définitive l'indice orbitaire, c'est-à-dire le rapport du diamètre vertical de l'orbite à son diamètre horizontal, a créé trois dénominations générales sous le nom de mégasème, lorsque l'indice est grand, de mésosème, lorsqu'il est moyen, et de microsème, lorsqu'il est petit.

Les deux diamètres sont sensiblement égaux à la naissance, le vertical devient peu à peu le plus court, mais le rapport définitif ne s'établit qu'après la puberté, la femme néanmoins conservant toujours un diamètre vertical moins court, et en cela, comme pour tant d'autres caractères, ressemblant à l'enfant.

En résumé, la grandeur de l'indice dépend surtout de la forme de l'orbite. Plus l'orbite se rapprochera de la circonférence, plus l'indice sera grand, c'est-à-dire mégasème comme chez toutes les races jaunes, hormis les Esquimaux.

Les nègres s'éloignent sous ce rapport des races jaunes, et leur indice est microsème. Les races caucasiques sont intermédiaires et mésosèmes.

Telles sont les principales notions à considérer dans l'orbite.

Chez l'enfant, après la naissance, le crâne a de la tendance à se rapprocher de la forme globuleuse; la partie supérieure du front est tellement développée aux dépens de la région sourcilière, que cette dernière va jusqu'à prendre un aspect concave qui fait paraître les yeux plus grands et plus saillants.

La peau des paupières est fine et presque diaphane, les sourcils et les cils sont à peine ébauchés, et l'iris, d'une couleur bleue foncée, a parfois une teinte très difficile à définir ; la sclérotique est d'un blanc bleuâtre.

Dans l'adolescence, les bosses coronales s'effacent, les arcades sourcilières se développent, la marge frontale de l'orbite se relève en haut, et l'œil par suite s'enfonce dans sa cavité, donnant plus de relief à la physionomie.

Le profil se rapproche de la perpendiculaire, l'arc sourcilier se dessine et la sclérotique prend une coloration d'un blanc nacré.

Contrairement à l'œil de l'enfant, dont l'expression est nulle et la vie végétative, le regard de l'adolescent reflète la vivacité des sentiments et l'éclat des passions.

Dans la vieillesse, le front et les paupières se couronnent de rides qui divergent et rayonnent à partir de l'angle externe de l'œil pour former cette inexorable patte d'oie ; les poils des sourcils s'allongent et forment au devant de l'œil, qui a perdu toute sa vivacité, une sorte de buisson hérissé ; enfin les paupières relâchées et tombantes donnent à la physionomie des vieillards un cachet de lassitude bien caractéristique.

Le front de la femme est plus arrondi, le profil plus délicat, les yeux sont relativement plus grands et moins enfoncés, les sourcils mieux dessinés, les cils plus longs et plus fins.

L'œil ne doit être ni trop saillant ni trop enfoncé, mais bien enchâssé dans l'orbite.

Des paupières charnues, reposant sur de grands yeux légèrement saillants, donnent à la physionomie un caractère de bonté et de franchise, et il est à remarquer que de grands yeux, surtout chez la femme, sont considérés comme très beaux ; l'Arabe, parlant d'une femme belle, dit qu'elle a des yeux de gazelle et le répète dans le refrain de ses chansons.

Mais si la saillie est exagérée, si les yeux sont à fleur de tête, il y a quelque chose de stupide dans l'expression, à laquelle on ne peut que s'habituer difficilement.

Contrairement, quand les yeux sont situés profondément, ils sont en général petits, et l'ombre projetée par l'arcade sourcilière contribue à donner un caractère de laideur et même de méchanceté.

Quand ils sont trop rapprochés ou trop éloignés l'un de l'autre, ils prennent également un aspect bestial et répugnant.

Quand ils sont largement fendus en amande, avec des cils longs et soyeux, comme chez les femmes sémites, ils sont considérés comme très beaux, surtout en Orient, où les femmes turques en exagèrent artificiellement les dimensions avec le sulfure d'antimoine.

L'obliquité des paupières en haut et en dehors, qui caractérise la race jaune, se rencontre très rarement chez nous.

Contrairement, quand l'angle externe de la paupière est plus bas que l'angle interne, et quand ce signe est associé à d'autres éléments esthétiques, nous y trouvons une certaine beauté dont la rareté explique peut-être notre jugement.

Les sourcils peuvent être touffus, très fournis ou rares, au point d'être invisibles.

En général, nous considérons comme beaux les sourcils médiocrement fournis, bien arqués, dont les poils sont de même longueur.

Nous les préférons plus accentués chez l'homme, plus délicats chez la femme et l'enfant, chez lesquels ils forment une arcade belle et régulière.

Nous considérons comme laids des sourcils dont les poils sont irrégulièrement plantés, clairsemés, à direction oblique ; de même quand ils sont trop fournis, quand ils gagnent surtout la région intersourcilière où ils forment un V dont la concavité regarde le front. Dans ce cas, ils donnent à la physionomie une expression d'énergie et même de dureté.

Quand ils sont invisibles, trop clairs, ils enlèvent aux yeux un de ses principaux attraits.

Nous avons l'habitude de donner telle couleur à des yeux, sans réfléchir que bien souvent l'iris est composé de diverses zones de teintes différentes et sans remarquer que la pupille, dont la dilatation est quelquefois très grande, peuvent fausser notre jugement.

L'iris affecte, on le sait, les nuances les plus diverses du bleu, du vert et du brun. Cette couleur, liée intimement à celle des cheveux, constitue un des plus immuables parmi les caractères ethniques qui nous servent à juger de la pureté d'une race.

Cependant nous pouvons dire que plus l'iris est de couleur sombre, plus la cornée transparente qui le recouvre a d'éclat. Une parure de diamants placée sur un vêtement noir, par exemple, lance des feux plus vifs que sur un vêtement de nuance claire ; de même la cornée rayonne d'autant plus, que l'iris placé derrière elle est de couleur plus sombre. C'est pourquoi les émotions de l'âme se trahissent plus facilement dans les yeux noirs que dans les yeux d'un ton plus clair.

La grandeur de la pupille est excessivement variable et soumise à l'influence de toute alternance d'ombre et de lumière. Mais plus elle s'élargit, et plus l'iris coloré se rétracte et se trouve remplacé par le noir foncé de la pupille. Et c'est ainsi qu'il peut se faire que, même des yeux d'un ton clair, d'un bleu pâle, produisent parfois, au crépuscule, l'impression d'yeux de couleur foncée.

La cornée ressemble à un miroir qui réfléchit la lumière ; si ce miroir est fixe, il émet aussi une lumière toujours d'égale intensité. L'œil se meut-il doucement, la lumière qu'il réfléchit se répand uniformément. Les mouvements sont-ils rapides, violents, les rayons s'échappent alors de la cornée, brisés, étincelants ; tel un miroir ordinaire lance, dans un mouvement rapide, saccadé, des éclairs lumineux, telles les eaux d'un ruisseau au cours rapide, éclairées par la lune, lancent des gerbes lumineuses, tandis que les eaux calmes d'un étang ont un reflet très doux.

Les yeux ont coutume d'étinceler ainsi à toute vive impression, dans l'impatience ou la curiosité, dans l'amour et la joie, dans la haine ou la colère.

Les yeux noirs exercent habituellement une grande attraction ; aussi certaines dames, en Roumanie par exemple, avides de plaire, mettent-elles à profit l'effet connu de la belladone pour changer leurs yeux, clairs de nature, et les rendre noirs, du moins pour un certain temps.

Mais il arrive fréquemment de rencontrer des personnes ayant des yeux bleus avec des cheveux noirs, et nous connaissons tous l'impression agréable que nous cause cette originalité.

Les yeux verts, très répandus en Russie, sont associés à des cheveux roux et à une peau présentant des taches de rousseur.

Les yeux bruns accompagnent toujours les cheveux noirs et une peau relativement brune.

Le brun donne aux yeux une vivacité, et à toutes les autres couleurs un relief qu'on chercherait vainement dans la peau la plus blanche et la plus transparente. La plus charmante des madones de Raphaël est une brune, et tous les grands artistes du siècle de Léon X ont choisi ce ton de couleur.

Les yeux pers à reflets changeants et à teintes variant du bleu clair au vert glauque sont très appréciés des Orientaux.

RACE BLANCHE

Type hindou. — Les Brahmanes du Gange ont le visage ovale, les pommettes peu saillantes, les yeux grands et placés horizontalement ; les yeux sont bruns et bien fendus, protégés par des cils très longs.

Ces caractères suffisent à classer les Hindous parmi les peuples de race blanche.

Les femmes sont renommées par leur beauté, et leurs yeux sont d'une douceur extrême.

Très sensibles au sentiment de plaire, elles ne négligent rien de ce qui peut apporter un agrément à leur personne ; elles se teignent les sourcils et les cils avec le surmeth, de façon à rendre leurs yeux plus vifs et plus expressifs.

TYPE ARABE. — L'Arabe a un ovale très régulier, les yeux noirs, les ouvertures palpébrales allongées et bordés de cils noirs et longs ; le front peu élevé et les arcades peu développées. C'est le plus beau des types que nous connaissions. Son regard calme et digne respire une grande fierté tempérée cependant par un certain fatalisme.

Une singulière coutume chez les femmes mauresques ou arabes, qui passent à leur toilette un temps dont on n'a pas idée, est de se dessiner entre les deux yeux des bouquets de petits points bleuâtres ou d'autres petites figures sur lesquelles elles appliquent une couleur qui les rend indélébiles.

Les cils, les sourcils, le bord et l'extrémité des paupières, sont également colorés en noir.

Il est fréquent de rencontrer, dans les rues d'Alger, des femmes voilées dont les sourcils bien arqués viennent aboutir à la naissance du nez et qui se touchent presque, dessinant un véritable accent circonflexe.

Ce caractère est regardé comme nécessaire à la beauté d'une femme.

Le Coran, qui règle tous les usages, donne des yeux noirs aux houris du paradis mahométan :

« Ceux qui se soumettront, iront, après leur mort, dans les jardins délicieux, abondamment arrosés, où ils trouveront des vierges aux yeux noirs, exemptes de toute souillure. »

Mais, pour eux, le principal attrait de la beauté consiste dans l'éclat, la grandeur et la vivacité des yeux, dont la prunelle doit être entièrement noire, et le globe entièrement blanc et poli (c'est ce que signifie le mot houri); les paupières doivent être longues et languissantes.

Le grain de beauté, le khol, est une des choses qui flattent le plus leur goût, et il est sans cesse comparé au grain de musc ou d'ambre.

Chez les Kabyles, comme chez les Maures, on trouve le plus souvent appliqué aux tempes, à l'angle externe des paupières, une croix qui doit les guérir ou les préserver de la fièvre ou des maux de tête.

TYPE SÉMITE. — Le Sémite, dont le berceau est en Égypte et en Palestine, est très répandu en Europe.

Le Juif en est le type le plus parfait.

Son front est droit, les sourcils pleins, l'œil grand et fendu en amande. Mais c'est surtout par le teint que les Juifs diffèrent le plus des autres sémites; ayant habité des milieux fort différents, ils ont subi l'action de ces milieux, et la peau, les cheveux et les yeux, trahissent cette influence.

Mais Zimmermann prétend que les yeux présentent toujours la coloration foncée, et que, lorsqu'un juif a des yeux bleus ou verts, c'est que son père ou son grand-père s'est marié à une chrétienne, ou bien encore que sa mère a oublié la fierté de sa race.

Le regard du juif est inquiet, embarrassé et timide.

« Les peintures des monuments égyptiens nous montrent les femmes avec des yeux agrandis artificiellement au moyen d'un maquillage noir ou vert foncé ; elles se teignaient les cils, les sourcils, les cheveux et se fardaient le corps entier. » (Verneau.)

En Égypte, c'est encore une coutume générale chez les femmes de toutes les conditions, et principalement dans les classes élevées, de se noircir le bord des paupières avec une poudre qu'elles appellent *koheul*, qui donne une expression très douce au regard, en faisant paraître l'œil plus grand.

Il en était de même en Judée, puisque les prophètes Jérémie et Ézéchiel reprochaient aux filles de se farder d'antimoine pour plaire aux étrangers.

« Quoique tu te fendes le visage avec de la couleur, c'est en vain que tu te feras belle. » (ÉZÉCHIEL, chap. iv, v. 40.)

De nos jours, lorsqu'une juive marocaine va se marier, on la pare de ses plus beaux habits et de ses plus riches bijoux ; on lui peint les sourcils et les cils en noir, les joues de vermillon, les mains et les pieds en rouge sombre ; elle est assise sur un lit de parade et y reste quelquefois huit jours, tant que dure la fête.

Rappelons avant de finir, qu'en Égypte, dans une maison où mourait un chat, le maître se rasait le sourcil gauche en signe de deuil.

TYPE IRANIEN. — Les femmes de la Perse étaient déjà célèbres par leur beauté dès la plus haute antiquité ; il en est de même des Géorgiennes.

Leur figure d'un pur ovale, leurs yeux noirs et largement fendus, sont les plus beaux du monde ; mais, en revanche, ils sont dépourvus de toute expression, de cet éclair que met dans les yeux l'intelligence. Mais les femmes ne se contentent pas de ce que la nature leur a donné ; elles les agrandissent et en doublent les proportions réelles en les prolongeant par de grandes lignes tracées avec l'antimoine.

Voici, dit Chandler, comment j'ai vu employer, en Grèce, cette préparation :

« Une jeune fille assise sur un sofa, les jambes croisées suivant l'usage, fermant un de ses yeux, prenant les cils entre le pouce et l'index de la main gauche, les tirant en avant, introduit par l'angle externe une épingle ou stylet préalablement plongé dans la poudre. En retirant le stylet, les parcelles de couleur qui y étaient adhérentes s'arrêtent entre les cils et y demeurent. »

TYPE TSIGANE.— Les Bohémiens en constituent la principale famille. Ils ont le visage allongé, étroit à la hauteur des pommettes, l'intervalle orbitaire assez court, les yeux noirs foncés, et les cheveux d'un noir de jais à reflet bleuâtre.

On connaît leur mimique obséquieuse, rampante quand ils implorent la pitié du passant ; mais on ne peut oublier le regard sombre et méchant de leurs noires prunelles, quand on leur refuse l'aumône.

TYPE CELTE. — Le Celte, que l'on retrouve dans les pays de Galles, de Cornouailles, en Bretagne et en Auvergne, a le front large et plein, les crêtes sourcilières très développées, les yeux gris et verdâtres, les cheveux blonds ou légèrement châtains.

RACE JAUNE

La petitesse du globe oculaire et son obliquité, l'étroitesse de l'ouverture palpébrale, sont les signes vraiment distinctifs de l'œil mongol.

King dépeint en ces termes l'œil esquimau, qui, avec l'œil chinois, peut passer pour le type du genre : « Sa partie interne est abaissée, tandis que l'externe est relevée ; l'angle interne est voilé par un repli du tégument voisin lâche ; ce repli est légèrement tendu sur les angles des paupières et recouvre la caroncule lacrymale, qui est en vue chez l'Européen, et forme comme une troisième paupière en forme de croissant. » (Topinard.)

Quant à l'obliquité, il faut tenir compte du mouvement particulier des sourcils, qui sont plus abaissés dans les deux tiers internes et plus relevés dans le tiers externe. (Broca.)

Si maintenant nous ajoutons le boursouflement et le clignement répété des paupières, nous aurons tous les caractères qui donnent à la physionomie des sujets du Céleste Empire cet aspect de malice et de ruse qu'on ne retrouve pas dans les autres races.

Je trouve dans le Chi-King, livre sacré, dans lequel Confucius a recueilli, sans beaucoup d'ordre, des odes ou des chansons, toutes antérieures au VIe siècle avant notre ère, le portrait d'une beauté chinoise de cette époque : « Elle a une tête de cigale ; son cou est comme un long ver blanc et ses sourcils sont minces et longs comme les antennes d'un bombyx ailé. »

La forme de la tête, comparée à celle d'une cigale, indique le bombement des tempes, trait caractéristique des portraits que nous avons des Chinois actuels ; quant aux sourcils minces et longs, ils étaient considérés comme un signe de beauté et de longue vie. (Édouard Biot.)

Les yeux des Chinois sont bruns foncés, et les missionnaires nous apprennent que tout individu dont les cheveux et les yeux ne présentent pas cette coloration est reconnu de suite comme étranger.

RACE NÈGRE

Les yeux des nègres ont une forme et une disposition particulière ; ils sont saillants, arrondis et séparés l'un de l'autre par un large intervalle.

Type négrito. — Les négritos ont une physionomie douce, qui est due principalement à l'expression de leurs yeux.

Rameau Papoue. — Comme tous les autres nègres, les

Papouans ont les yeux et les cheveux noirs. Mais, dans la Nouvelle-Guinée et dans les îles adjacentes, ils transforment souvent cette couleur naturelle en une teinte jaune et rouge vif.

Des coraux calcinés, broyés et pétris avec de l'eau de mer, les cendres de divers végétaux, sont employés pour obtenir ce résultat. Les Gaulois faisaient, dit-on, de même, et l'on sait que, de nos jours, des procédés analogues sont mis en œuvre dans le même but par quelques dames du grand et du demi-monde. (De Quatrefages.)

Des peintures et des tatouages recouvrent la face.

CONGO et NUBIE. — Dans le Congo et la Nubie, les femmes ne se contentent pas de teindre les cheveux, elles s'enduisent le visage d'un rouge végétal et ont coutume de s'arracher les sourcils et les cils avec des pinces en fer.

Qnant aux hommes, ils ont les yeux entourés de blanc, de rouge ou de noir.

Dans le Mozambique, on trouve une foule d'êtres humains privés de doigts, d'yeux ou d'oreilles. Ces mutilés sont des hommes qui ont été châtiés pour des fautes souvent imaginaires.

Les yeux s'arrachent par la simple introduction du doigt dans l'orbite.

La plupart des hommes et presque toutes les femmes habitant le lac Tanganika s'arrachent les cils; et la marque nationale se reconnaît à une double rangée de cicatrices linéaires pratiqués sur la figure, autour des yeux, par un ami, à l'aide d'un rasoir ou d'un couteau.

« Ces cicatrices vont du bord interne du sourcil jusqu'au milieu des joues. Chez quelques-uns, une troisième ligne part du sommet du front et s'arrête à la naissance du nez. Ces tatouages se font en bleu chez les femmes, et quelques élégants y ajoutent de petites raies perpendiculaires au-dessous des yeux » (Burton).

TYPE HOTTENTOT.—Chez la femme hottentote, les yeux sont remarquables par leur petitesse et leur direction oblique de dedans en dehors, et de bas en haut, ce qui indique la tendance de l'orbite et de toute l'arcade zygomatique dans le même sens. C'est une sorte de ressemblance avec la race mongole ; ils sont très distants entre eux.

L'arcade sourcilière est très peu saillante par le peu de proéminence du front, ce qui fait paraître la paupière supérieure encore plus grosse qu'elle n'est. En effet, elle semble tuméfiée ainsi que l'inférieure, de manière que le globe de l'œil, assez petit par lui-même, est toujours fortement ombragé. L'ouverture des paupières est peu considérable ; l'angle interne, à peine plus grand que l'externe, n'offre que l'indice de l'échancrure, ce qui donne à l'œil, en général, l'aspect des yeux vulgairement dits en coulisse. L'iris est brun, le blanc de la sclérotique ne paraît pas si étendu, ni si vif que dans la race nègre. (Blainville.)

Le type américain s'entend de celui que l'on rencontrait dans les deux Amériques avant l'arrivée des Européens ; il se rapproche, dans son ensemble, du type des races jaunes, par plusieurs caractères de premier ordre : la couleur de sa peau, la nature de ses cheveux, la couleur de ses yeux, petits et à fente palpébrale étroite, sa mégasémie orbitaire, etc. (Topinard.)

APACHES. — Chez les hommes, la barbe est rare et ils s'épilent soigneusement les quelques poils qui leur poussent au visage. Les Peaux-Rouges se peignent de petites figures bleues sur le front.

Les chefs indiens ont, en outre, les yeux colorés avec du **vermillon de Chine.**

ARAUCANS.—Chez les Araucans de l'Amérique du Sud, les yeux sont noirs, horizontaux ; les sourcils étroits et arqués, et la physionomie froide et réservée est souvent féroce.

Ils peignent leur figure de diverses couleurs, s'arrachent les sourcils, les cils et la barbe, et se barbouillent la figure de rouge.

Ces hommes, peu sympathiques, ont constamment les sourcils froncés et les lèvres contractées. Jamais on ne voit sur leur bouche un sourire aimable.

RACES MIXTES OCÉANIENNES

GROUPE JAVANAIS. — Les bayadères de Java peignent leur visage d'une couleur jaune safran ; elles se teignent les cils, les sourcils et se maquillent le dessous des yeux.

Chez les Maoris, les chefs ont le visage couvert de lignes bleues imperceptibles de finesse, mais si rapprochées qu'elles finissent par couvrir le visage depuis le menton jusqu'à la racine des cheveux, même le coin des yeux, ainsi que les paupières.

LES MASQUES ANTIQUES

Dès la plus haute antiquité, on a fait usage des masques ; les Égyptiens, les Indiens et surtout les Grecs les ont employés au théâtre, où ils étaient indispensables et où ils remplissaient un double but : d'abord ils représentaient la figure et pour ainsi dire la physionomie de chaque rôle ; puis la voix, dont la résonnance était augmentée, pouvait être entendue par les spectateurs les plus éloignés.

Aux fêtes de Bacchus, les acteurs se barbouillaient le visage de lie pour représenter les Silènes ; puis, avec Eschyle, on voit paraître les premiers masques. Celui de la tragédie, sans être exagéré, comme le masque comique, était conforme au caractère du personnage de la pièce. Celui de Niobé était triste, les sourcils étaient légèrement obliques et des rides sillonnaient le milieu du front; Médée avait un masque aux sourcils froncés et aux cavités orbitaires profondes, qui montrait l'atrocité de son caractère; Hercule avait une physionomie forte et tranquille; celui des Cyclopes présentait un œil au milieu du front.

Enfin Argus avait cent petites ouvertures pratiquées sur son masque.

Certains masques reflétaient une double physionomie, et l'acteur devait avoir grand soin de montrer au spectateur celui des côtés qui convenait à sa situation.

Plus tard, les Romains en firent usage, et à certaines fêtes, telles que les Lupercales, consacrées au dieu Pan, les hommes se couvraient le visage avec des feuilles de vigne, dans lesquelles ils ménageaient des trous pour les yeux.

II

ESTHÉTIQUE PATHOLOGIQUE

DES CONJONCTIVITES. — Le malade atteint de conjonctivite catarrhale présente ordinairement de la photophobie légère, avec larmoiement, auquel se mêlent quelques filaments de mucus; la muqueuse enflammée présente des vaisseaux volumineux, flexueux et mobiles.

La forme phlycténulaire est l'apanage des enfants scrofuleux, au visage pâle et bouffi, aux lèvres larges et fendillées, aux narines remplies de croûtes. Une petite vésicule siégeant sur le bord scléro-cornéen, avec son pinceau vasculaire de forme triangulaire, nous révèle sa nature.

Quand la cornée est intéressée, la photophobie est intense et il se produit du blépharospasme.

Le granuleux a des paupières tombantes, gonflées, qui lui donnent un air endormi ; il ouvre difficilement les yeux, et il éprouve un sentiment de gêne, d'embarras.

Le contraste est frappant chez ceux qui n'ont qu'un œil atteint, car la fente palpébrale paraît beaucoup plus étroite dans l'œil malade (blépharophimosis).

La forme purulente se présente chez le nouveau-né ; ses yeux sont obstinément fermés, et le pus retenu par l'aggluti-nation des paupières peut, lorsqu'on les sépare, s'échapper sous forme de jet.

Chez l'homme, le gonflement énorme de la paupière supérieure, qui retombe comme un véritable sac distendu par du pus qui s'écoule le long de la joue, imprime à la physionomie du malade un cachet tout particulier.

La conjonctivite diphtérique, assez rare, présente les mêmes symptômes que la diphtérie des autres muqueuses ; les paupières sont dures, la conjonctivite est gonflée et rouge, et l'écartement des paupières, très douloureux, amène un écoulement abondant d'un liquide peu trouble, rempli de flocons jaunes ; une couche blanchâtre recouvre la conjonctive.

KÉRATITES. — Voici une petite fille d'une dizaine d'années que les parents conduisent par la main comme les jeunes aveugles ; la photophobie chez elle n'est pas très prononcée, mais nous sommes frappés par sa figure qui présente un arrêt de développement, un nez court et aplati ; de plus, on constate de la surdité. En soulevant les paupières, nous trouvons une cornée qui ressemble à un verre dépoli, et qui nous cache l'iris et la pupille.

C'est une dégénérée atteinte de kératite interstitielle.

L'abcès de la cornée, dit en coup d'ongle, a également une forme particulière et reconnaissable à une infiltration grisâtre, puis blanchâtre, qui vient se collecter, sous forme de pus, dans la partie la plus déclive de la chambre antérieure et y former un petit croissant appelé hypopion.

La forme torpide se voit chez les gens affaiblis, les cachectiques ; la forme aiguë chez les travailleurs, les moissonneurs, par exemple.

Le pannus est un lacis vasculaire, épais, rougeâtre, développé sur la cornée et semblable à un morceau de chair fongueuse, qui voile les parties profondes ; il prend le nom de sarcomateux.

La buphtalmie est cette saillie de l'œil portée au point d'empêcher l'occlusion des paupières.

Le staphylome opaque a une couleur d'un blanc bleuâtre, sur laquelle se dessinent souvent quelques vaisseaux.

Il est formé par du tissu cicatriciel, quelques éléments cornéens et une partie de l'iris.

LEUCOMES DE LA CORNÉE. — Il n'est pas rare de rencontrer sur la cornée des opacités intenses, des taches épaisses, à bords nets, d'aspect blanc nacré, imprégnées très souvent de dépôts métalliques et constituant, pour celui qui les porte, une difformité choquante et désagréable qui gêne d'abord considérablement la vue et modifie l'expression.

ARC SÉNILE. — Cette opacité, de couleur grisâtre, résultant de la dégénérescence athéromateuse des vaisseaux, se présente sous la forme d'un arc à la périphérie supérieure de la cornée. Elle prend, plus tard, une coloration plus jaunâtre et s'étend autour de la cornée de façon à constituer un anneau qui acquiert un développement précoce et peut modifier l'éclat et la couleur des yeux des personnes qui en sont atteintes.

IRITIS. — Une injection périkératique, un bourrelet formé par l'œdème du tissu sous-conjonctival entourant le cornée, l'aspect terne et la couleur cuivrée de l'iris, la forme irrégulière de la pupille et son immobilité, ainsi que des douleurs violentes, feront songer à l'iritis.

ANOMALIES CONGÉNITALES. — Les anomalies de coloration de l'iris sont très fréquentes : chez l'albinos, l'iris est rose ou d'un rouge clair, surtout à son bord ciliaire, tandis que le pourtour de la pupille est lilas violet ou bleu clair ; la pupille paraît rouge.

Dans les yeux vairons, l'iris, ou plus souvent une de ses parties, présente une décoloration anormale, constituée par des taches, soit blanches, soit teintées de bleu ou de vert.

Ainsi un iris gris ou bleu présente souvent un bord pupillaire jaunâtre ou brun clair.

Dans l'iridérémie, caractérisée par l'absence de l'iris, les pupilles présentent des dimensions égales à celles de la cornée, et, quand le sujet est placé en face de la lumière, on aperçoit la lueur rougeâtre du fond de l'œil.

Quand il existe une simple bandelette de tissu irien, l'œil prend alors un aspect particulier, le fond apparaît bleuâtre, et c'est le cas que nous avons observé dans le service de M. le professeur Truc, chez une jeune fille de dix ans qui présentait en outre du nystagmus et du strabisme.

Dans le coloboma, il existe une échancrure verticale (pupille en comète d'Helling).

Les bords peuvent converger vers la pupille (pupille en poire) ou être parallèles, ce qui est rare, ou décrire un arc de cercle (pupille de chat).

La micorie, c'est l'étroitesse extrême de la pupille.

Dans la polycorie, on constate la présence de pupilles multiples, dans la cyclopie par exemple, où la soudure des deux yeux est telle que l'iris en forme de ∞ couché horizontalement offre deux pupilles (diplocorie). Quand il y en a trois, cela constitue la triplocorie.

La pupille peut se trouver, soit plus haut ou plus bas, soit plus en dedans ou en dehors qu'à l'état normal: c'est la corectopie. Elle peut du reste occuper les points les plus divers de l'iris et prendre la forme de fer à cheval.

La dyscorie est une pupille difforme, irrégulière, dont le grand diamètre est tantôt transversal, tantôt vertical; les bords peuvent être dentelés.

On constate enfin un voile blanchâtre composé de simples filaments dans quelques cas, qui constitue une membrane pupillaire persistante.

Glaucome. — L'immobilité et la forme elliptique de la pupille dans le sens horizontal, la coloration jaune plus ou moins grisâtre de la sclérotique, le dépoli de la cornée, contribuent à donner à l'œil cet aspect morne et éteint si caractéristique du glaucome.

Albinisme. — « L'albinisme général et complet se manifeste par les caractères suivants : l'œil a l'aspect d'un globe de lampe dépoli ; une couleur rouge diffuse y remplace la coloration normale de l'iris et de la pupille. Les poils et les cheveux sont blancs ; la peau elle-même est décolorée. L'albinos craint la lumière et la fuit ; il semble myope, quelquefois il louche et fait mouvoir continuellement son œil, comme les sujets atteints de nystagmus. » (Frœlicher.)

Cyclocéphalie, Cyclopie. — Les enfants atteints de cette

anomalie de développement ne vivent que quelques jours; aussi c'est de suite après la naissance qu'on peut constater cette monstruosité, qui consiste en un orifice palpébral unique et médian, ouvert largement et formé par deux paupières munies de cils bien développés ou très courts.

Dans cette cavité médiane se trouve ordinairement un œil unique, quelquefois deux, mais alors à l'état rudimentaire.

Au-dessus de cette cavité, sur la région frontale, on voit un appendice sous forme de trompe, qui représente l'appareil olfactif.

ANOMALIES CONGÉNITALES

PAUPIÈRES. — L'ablépharie, c'est-à-dire l'absence des paupières, est une anomalie congénitale qui ne se rencontre jamais, car on constate toujours, soit un simple rudiment, soit la brièveté des paupières qui laisse, dans ce dernier cas, le globe de l'œil à découvert (lagophtalmos).

L'épicanthus, qui consiste dans l'existence d'un pli cutané recouvrant l'angle interne de l'œil, n'est autre chose que la bride mongole.

Cet état spécial de l'œil coïncide avec l'aplatissement des os propres du nez et l'élargissement de l'espace qui sépare les deux yeux. C'est l'œil chinois moins l'obliquité.

La soudure des bords palpébraux, appelée ankyloblépharon, n'est jamais totale et consiste dans des adhérences partielles de la fente palpébrale.

Le ptosis tient à un développement exagéré de la peau de la paupière supérieure qui tombe et recouvre le globe oculaire.

Le coloboma est une échancrure divisant la paupière en deux parties ; elle remonte, en général, assez haut et laisse à découvert une partie plus ou moins étendue de l'œil. Sa forme est celle d'un triangle allongé dont la base correspond au bord ciliaire.

Il siège à la paupière supérieure et se complique de brides oculo-palpébrales qui vont s'implanter à la sclérotique et à la cornée.

BLÉPHARITE. — La blépharite, qui est la manifestation la plus ordinaire de la scrofule, est d'une ténacité désespérante ; elle s'améliore dans les cas légers ou passe à l'état chronique en laissant des déformations graves des paupières.

Elle est caractérisée, dans sa forme bénigne, par de la rougeur du bord et des angles palpébraux avec une desquamation furfuracée ; mais le plus souvent on voit paraître des boutons d'acné qui suppurent, forment des croûtes jaunâtres et font tomber les cils.

Si l'affection dure depuis des années, les bords palpébraux restent épais, indurés et privés de cils.

Ou bien ils repoussent dans une mauvaise direction et viennent frotter sur la cornée (trichiasis).

Le plus souvent, sous l'influence de l'inflammation, le cartilage tarse se renverse et il se produit un ectropion.

ECTROPION. — C'est une éversion de la paupière caractérisée par un bourrelet rouge et fongueux de la muqueuse conjonctivale qui fait hernie au dehors, constituant pour celu qui en est atteint une difformité choquante.

ECTROPION. — C'est le renversement du bord de la paupière en dedans, de sorte que les cils viennent irriter par leur contact la face antérieure de la cornée et de la conjonctive ; il existe, en outre, de la congestion, de la rougeur et du larmoiement.

ECCHYMOSES. — Il faut distinguer celles qui siègent en avant des cartilages tarses de celles qui se produisent en arrière du plan fibreux; leur importance est différente.

Les premières sont antérieures et cutanées; le gonflement est considérable et la paupière est transformée en un bourrelet violacé dans lequel l'œil disparaît complètement.

Les secondes sont sous-conjonctivales et proviennent du sang épanché dans la profondeur de l'orbite, ou bien à la base du crâne.

Elles n'apparaissent qu'au bout de deux à trois jours ou quelquefois plus tard, et, subissant les lois de la déclivité, elles siègent à la paupière inférieure.

ÉRYSIPÈLE. — L'érysipèle de la face envahit toujours la peau des paupières; elles sont gonflées, rouges et luisantes, et le malade ne peut les ouvrir; les différentes localisations de l'érysipèle donnent au malade l'aspect de certains magots chinois.

ŒDÈME MALIN. — Raimbaut a tracé d'une façon nette la physionomie de cette affection: « Aux paupières, l'œdème malin se manifeste par une tuméfaction diffuse de l'une ou de l'autre paupière d'un côté, le plus souvent de la supérieure; aucune douleur n'accompagne son développement, le malade éprouve à peine de la démangeaison. Cette tuméfaction est molle, demi-transparente, et d'une teinte légèrement jaunâtre ou bleuâtre. Les paupières ont un aspect lisse ou chagriné. » (*Dictionnaire pratique*, t. VI, p. 180).

ORGEOLET. — L'orgeolet est un bouton dur, rouge, situé sur le bord libre des paupières; il ressemble à un grain d'avoine, d'où lui vient son nom.

CHALAZION. — Le chalazion est une petite tumeur dont le

volume varie d'une forte tête d'épingle à celui d'une noisette. Ce petit kyste proémine tantôt vers la conjonctive, au point de laisser voir par transparence son contenu, tantôt vers la peau externe de la paupière. (Meyer.)

MOLLUSCUM CONTAGIOSUM. — Le molluscum est une tumeur arrondie qui fait saillie au-dessus de la peau et peut prendre des proportions égales à celles du chalazion. Son centre ombiliqué, traversé par le poil auquel la glande sébacée est attenante, présente une pigmentation plus foncée.

XANTHÉLASMA. — Constituée par des taches ocreuses ou argileuses qui ont une grande importance au point de vue plastique, car elles donnent aux paupières un aspect fort désagréable. Ces plaques disgracieuses se développent sur les deux paupières et forment un cercle autour de l'œil.

CHROMIDROSE. — Cette singulière affection se remarque principalement chez les femmes hystériques et chez celles qui souffrent de troubles menstruels : les paupières se tuméfient, se vascularisent, et l'on voit apparaître une tache noire ou bleuâtre, à la paupière inférieure de préférence.

Quand elle forme une mince couche, limitée à une étroite zone de la paupière inférieure chez une jeune femme à physionomie agréable, il en résulte un regain de beauté ; mais cela est rare, et presque toute la face prend un caractère étrange qui attire les regards et l'oblige à rester chez elle.

A l'époque de la menstruation, la paupière, et surtout l'inférieure, se gorge de sang bleuâtre qui constitue une auréole assez foncée pour constituer une diflormité réelle.

EPHIDROSE. — Dans l'éphidrose, les paupières se couvrent d'une couche de sueur qui, aussitôt enlevée, reparaît toujours de nouveau. Il s'ensuit une excoriation des angles et des bords de la fente palpébrale.

HERPÈS OPHTALMIQUE. — Ce sont des plaques rouges, gonflées, confluentes ou disséminées, siégeant sur le trajet d'un rameau nerveux de la région palpébro-frontale interne.

Ces vésicules, qui se remplissent de pus, offrent ce caractère bien tranché qu'elles s'arrêtent brusquement au niveau de la ligne médiane, sur la racine du nez et sur le front.

BLÉPHAROSPASME. — C'est une contraction spasmodique essentielle ou symptomatique du muscle orbiculaire des paupières.

Tantôt c'est une occlusion spasmodique de la fente palpébrale, soit qu'elle apparaisse seulement d'une façon intermittente, soit qu'elle s'établisse d'une manière continue.

Mais le plus souvent on observe un clignement fréquent des paupières, souvent plus désagréable pour ceux qui le voient que pour ceux qui en sont atteints.

———

ÉPITHÉLIOMA. — « Il débute ordinairement par le bord ciliaire des paupières, notamment de l'inférieure, dans sa partie interne.

C'est un petit tubercule ressemblant à une petite verrue et de teinte grisâtre ; il est bosselé et composé de plusieurs petits boutons. Il augmente vite d'étendue et entre dans la période d'ulcération.

L'ulcère est uni, son fond induré, ses bords irréguliers.

Il est couvert d'une sécrétion sanieuse qui se déssèche à la périphérie et y forme des croûtes. » (Meyer.)

———

VOIES LACRYMALES. — L'œil des lacrymaux est constamment humide et les larmes coulent sur la joue d'une façon soit intermittente, soit continue ; la caroncule et le repli semi-lunaire sont rouges et gonflés. Tels sont les caractères que l'on rencontre chez les personnes atteintes de cette affection , mais il en est d'autres, chez lesquels ces symptômes sont exagérés, qui présentent une petite tumeur dans la région du sac lacrymal, de laquelle s'échappe du muco-pus et même du pus.

Enfin cette tumeur quelquefois s'abcède ; les paupières dans ce cas offrent un léger œdème, l'œil se ferme, le larmoiement augmente et une fistule se forme.

KYSTES DERMOIDES DE LA QUEUE DU SOURCIL. — Ces kys-tes de la région sus-orbitaire sont des tumeurs ordinairement petites, du volume d'un pois, d'une noisette, indolentes et sans altération de la peau. La tumeur congénitale n'occasionne en général aucun inconvénient, qu'une difformité plus ou moins disgracieuse ; tout au plus gêne-t-elle les mouvements d'élévation de la paupière supérieure.

TRANSFORMATION KYSTIQUE DE L'ŒIL. — Lyfort observa, en 1827, un petit garçon de huit ans qui se présentait avec un œil gauche faisant une saillie antérieure de plus d'un pouce. Le globe était volumineux : ses mouvements étaient partiel-lement conservés. La vision n'avait jamais été bonne.

Dès l'âge de douze mois, l'œil gauche était plus apparent que l'autre à l'extérieur.

KYSTES ACCOMPAGNÉS DE MICROPHTALMIE ET D'ANOPH-TALMIE. KYSTES COLOBOMATEUX. — « Le kyste soulève la conjonctivite de la paupière inférieure, ou cette paupière, qui est le plus souvent renversée en ectropion. La paupière supé-rieure, peu développée, est déprimée ; son bord libre se porte en arrière, et se trouve profondément caché dans le cul-desac conjonctival supérieur ; cette déviation est favorisée par le petit volume du globule de l'œil. La sécrétion conjonctivale est altérée et augmentée, quoiqu'il n'y ait pas à proprement parler un écoulement purulent. La peau de la paupière inférieure, distendue et amincie, présente dans certains cas une teinte bleuâtre, en rapport avec la transparence du kyste. La tumeur atteint le volume d'une noisette, d'une noix, et remplit rarement l'orbite d'une manière complète. L'œil fait complètement défaut dans quelques cas. » (Lannelongue.)

TUMEURS PULSATILES DE L'ORBITE. — L'exophtalmie, qui est toujours unilatérale, peut atteindre un si haut degré que les paupières ont de la peine à recouvrir le globe oculaire.

L'œil est dévié, de sorte que la cornée vient reposer sur la joue. La paupière supérieure, très gonflée et sillonnée de veines dilatées, pend, plus ou moins inerte, sur le globe projeté en avant.

Un chémosis volumineux se présente ordinairement à travers la fente palpébrale.

De tels malades ne sont plus bons à rien ; ils deviennent apathiques et portent sur leur figure l'empreinte de l'indifférence ou de l'inquiétude continuelle. (De Wecker.)

HYPERMÉTROPIE. — L'hypermétrope a le crâne brachycéphale, la face aplatie ; les yeux, petits et mobiles, paraissent plus écartés et l'on dirait que leur petitesse correspond à un manque de profondeur de l'orbite.

MYOPIE. — Le myope est plutôt dolichocéphale, le développement des os de la face est très accusé, l'œil fortement myope est volumineux, énorme même ; on constate un clignement fréquent.

TATOUAGE. — Tout le monde peut apprécier l'aspect disgracieux choquante que présentent des yeux atteints de leucomes, vulgairement taches blanches ; c'est pourquoi on y remédie par le tatouage, qui consiste à étaler sur la cornée une couche épaisse d'encre de Chine, qu'on insinue au moyen de piqûres pratiquées à l'aide d'un faisceau d'aiguilles.

Le leucome, d'un blanc éclatant, devient une tache noire qui simule une pupille, et, si la vue n'est pas améliorée, du moins ce qu'il y avait de désagréable dans la physionomie disparaît.

Cette opération de complaisance se comprend à la rigueur, quand il s'agit de leucomes centraux ; mais quand ces derniers sont situés à la périphérie ou très étendus, cela ne suffit pas toujours quant à l'esthétique. Aussi Vacher préconise-t-il le tatouage multicolore, en se servant de couleurs chimiquement pures et inaltérables, qu'il réduit en poudre très fine et qu'il délaie au moyen de quelques gouttes d'eau pour former une pâte molle.

ŒIL ARTIFICIEL. — Quoique ombragés par le sourcil et voilés par les paupières, les yeux brillent de tant de lumière et répandent tant d'éclat par leur transparence, qu'ils dominent toutes les autres parties de la physionomie. Aussi la perte de l'un des yeux crée une telle difformité, qu'on a senti le besoin de cacher cette mutilation au moyen d'un œil artificiel.

Puis ce n'est pas toujours un sentiment de coquetterie qui pousse les opérés à l'employer, mais bien parce qu'il remplit d'autres conditions : il refoule la paupière et les cils en avant, les empêche de se recoquiller en arrière ; il comble une lacune dans l'orbite, et enfin, il permet le jeu régulier des voies lacrymales.

Le cas le plus favorable à la prothèse est celui d'un œil moyennement atrophié et indolore avec conservation intégrale du sac conjonctival ; la pièce s'applique alors de tous côtés contre le moignon ; il conserve alors sa mobilité à tel point que si la grandeur, la forme et la couleur, sont convenablement choisies, le plus expérimenté ne s'apercevra de la chose qu'à un examen attentif.

M. le professeur Truc, comparant tous les procédés opératoires, donne la préférence à l'évidement, dont les résultats esthétiques sont excellents.

« L'énucléation, dit ce professeur, est l'opération la plus efficace et la plus rationnelle, dans certains cas, mais la prothèse future peut paraître insuffisante.

» L'éviscération, qui est une sorte de moyen terme, évite la mutilation, conserve un large moignon très favorable aussi à la prothèse et constitue pour le patient comme un œil moral.

» L'évidement est préférable ; c'est une opération plus simple, moins pénible et aussi utile.

» Il existe un moignon indolore, volumineux, très mobile, qui donne un résultat prothétique excellent. »

Enfin les déplacements angulaires chez les différents opérés sont plus étendus chez les malades auxquels on a pratiqué l'évidement.

CHAPITRE III

ESTHÉTIQUE ARTISTIQUE

Histoire de l'art

L'art, étant l'expression supérieure de la vie, doit avoir pour principe le beau et pour but d'interpréter la nature.

C'est en Égypte que nous trouvons les premiers vestiges de l'art représenté par la nature inorganique : tombeaux, pyramides, colonnes, sur lesquelles les Grecs placeront plus tard une tête qu'ils appelleront hermès et qui deviendra l'origine des cariatides.

Puis, à mesure que les idées se perfectionnent, l'œil devient plus exigeant et a besoin de plus de précision et de clarté ; aussi l'expression figurative se complète par le caractère physique.

Sur la frise d'un tombeau, à Memphis, les figures vues de profil ont un type sémite : le front fuyant, les yeux grands ouverts et placés obliquement et de face, indiquent un art bien rudimentaire.

Les premières sculptures égyptiennes sont colossales et symboliques, et produisent, quand on les voit pour la première fois, une impression d'étonnement et d'effroi. Le sphynx de Giseh, colosse assis à la tête de lion, taillé dans le roc vif, est appelé par les Arabes « le père de l'épouvante ».

Ses grands yeux ouverts et hardis semblent avoir pour mission d'arrêter les sables du désert qui désolent la vallée du Nil.

En Chaldée, comme en Égypte, nous trouvons un art impassible, que rien n'attendrit; le sentiment de la vie et le caractère des passions leur échappent, et ils poussent, en revanche, jusqu'au détail, comme cela arrive chez tous les peuples où l'art est primitif, le luxe des accessoires.

Chez les Grecs, la pensée, la forme et l'action, sont toujours en parfait équilibre. Avec eux, le sentiment s'affirme et le caractère se dessine, mais ils ont toujours pour souveraine loi de donner à leurs dieux, par exemple, une attitude calme, tranquille, exempte des passions violentes, qui seraient peut-être plus vraies, mais qui nuiraient à l'expression de la beauté.

« Les dieux de Phidias, impassibles et sereins, portent sur leurs fronts l'empreinte de l'âme universelle. »

Dans la première période de l'art grec, appelée période éginétique, la tête est constamment répétée d'après un type consacré, mais reproduite avec une connaissance précise de l'anatomie extérieure. Le visage a une coupe uniforme, et son expression inaltérable est celle d'un sourire forcé; les yeux sont aplatis, à fleur de tête, convergents et fixes.

Nous arrivons maintenant avec Phidias à cette belle époque du beau idéal.

Les formes et les proportions de la tête ont des traits tellement réguliers qu'on pourrait les décrire avec une exactitude mathématique.

L'ovale de la figure est parfait; le front large, mais toujours peu élevé se continue avec le nez sans dépression sensible; les yeux sont toujours un peu plus enfoncés qu'ils ne le sont dans la nature, et produisent ainsi un contraste de lumière et d'ombre qui complète l'expression.

La coupe de l'œil est grande, arrondie; les paupières larges ; l'arête qui porte le sourcil est fortement prononcée, mais faiblement arquée.

Avec la sculpture polychrôme, on se plaît à donner aux statues des yeux en émail ou en agate, avec des cornées en ivoire. Pline mentionne un lion en marbre dont les yeux étaient incrustés d'émeraudes.

La belle tête d'Antinoüs avait des prunelles en marbre de rapport, et de minces lames d'argent, appliquées sur le bord des paupières et aux points lacrymaux, y simulaient la brillante humidité de la vie.

La belle Minerve de Phidias avait également des yeux en émeraude (glaucopis Athenæ).

Il existe au Louvre un buste romain qui réunit les deux genres de polychromie: les yeux et les lèvres ont des couleurs naturelles et en portent les traces ; les cils et les sourcils ont été matériellement exprimés par des fils de métal.

L'art devient sentimental avec Praxitèle, et une véritable transformation esthétique s'accomplit, sans toutefois s'éloigner des lignes immuables de la beauté parfaite.

Il nous reste maintenant à étudier les caractères que les Grecs ont donnés à leurs dieux et déesses, caractères devenus classiques, qui seront toujours offerts comme des modèles de perfection et de sentiment.

Le Jupiter olympien est remarquable par la souveraine majesté de son front et l'expression calme et sereine de son regard.

La Vénus qui personnifie l'amour a des yeux pleins de douceur ; la paupière inférieure, légèrement relevée, leur donne une nuance de volupté, d'inconstance et de grâce.

Pallas symbolise la pudeur virginale. Son maintien est grave; ses yeux moins ouverts et son regard baissé lui donnent une attiutde de gracieuse méditation.

Junon est bien reconnaissable à ses yeux arrondis (βοωπις)

mais moins longs pour que l'arc qui les couronne ait plus de majesté.

Enfin l'Apollon représente la beauté virile avec je ne sais quelle nuance de gracilité qui charme toujours nos yeux.

Comme on le voit, l'antiquité a tout subordonné à une règle supérieure, la pureté des formes, pour arriver à la plus haute qualification du beau ; cependant elle n'a reculé devant aucune image de douleur ou de grand désespoir, car, en considérant la Niobé dans son attitude muette et dans l'infortune qui la frappe, on voit l'intérêt qui s'attache encore à la beauté ; les yeux levés vers le ciel, un peu d'obliquité dans les sourcils, un bras qui retombe inerte le long du corps, voilà simplement ce que l'artiste a exprimé d'une façon si pathétique.

Et les angoisses de Laocoon ne sont-elles pas assez éloquentes, malgré l'erreur qu'on a voulu relever dans les rides qui traversent toute la largeur du front ?

L'art antique vient de finir avec le paganisme ; c'est en Italie, maintenant, que le christianisme va inspirer, dans la peinture, un art entièrement nouveau, lequel, dédaignant la beauté plastique des anciens, pour les émotions intimes de l'âme, se fera remarquer par les attitudes hiératiques, la candeur naïve du regard, avec une sécheresse de contours et de lignes qui portera le nom de style byzantin.

La Renaissance viendra ensuite avec les primitifs : les Botticelli et les Pérugin. Chez eux,' l'art est sincère, de pure bonne foi, l'on prie ou l'on adore, et les yeux aux paupières baissées ou levées ont un regard qu'on devine : c'est le recueillement ou la béatitude céleste.

Tels sont les peintres qui préparent l'avènement de la belle et forte peinture ; le mysticisme, avec eux, s'en va pour faire place aux beautés opulentes et aux maternités profanes.

Raphaël donnera plus de justesse dans l'expression de charme et de vivacité dans les yeux bruns de ses madones.

Van Dyck sera le peintre des élégances et des sentimentalités.

Léonard de Vinci jettera sur ses créations l'étude savante des demi-teintes, qui sont comme un voile de poésie intime.

Enfin Rubens, en Belgique, et Rembrandt, en Hollande, élèveront l'art à un si haut degré, le premier par ses magnificences et sa lumière, le second par sa science profonde du clair obscur, qu'il sera difficile de les atteindre.

INDEX BIBLIOGRAPHIQUE

BERGER. — Les maladies des yeux dans leurs rapports avec la pathologie générale (1892).

BLAINVILLE. — Archives d'anthropologie, p. 185 (1880).

BIBLE. — Ezéchiel, chapitre IV, verset 40.

Bosc. — Montpellier médical, p. 502 (1891).

BELL (Charles). - Anatomie et physiologie de l'expression (1806).

BLANC (Charles), — La sculpture et la peinture.

BIOT (Édouard). — Mœurs des anciens Chinois, p. 91 (1843).

DANTE. — L'Enfer, traduction d'Artaud (1872).

DECHAMBRE. — Dictionnaire des sciences médicales, art. Choléra, p. 823,829.

DIEULAFOY. — Traité de pathologie interne (1894).

DARWIN. -- L'expression des émotions, p. 237 (1874).

FRŒLICHER. — Considérations sur l'œil en anthropologie (thèse de Montpellier), p. 57 (1893).

FROMENTIN. — Les maîtres d'autrefois, p. 102 (1890).

GRATIOLET. — De la physionomie et des mouvements d'expression, p. 51 (1865).

GIBBON. — Décadence et chute de l'empire romain, vol. I, chap. IV, (1865).

HOMÈRE. — L'Iliade, chant VI, p. 91. Traduction Giguet (1888).

JACCOUD. — Traité de pathologie interne (1879 .

KŒNIG. — Annales d'oculistique, p. 44 (1893).

LORDAT. — Utilité de l'art du dessin pour l'étude de la médecine (1833).

LUYS. — Maladies mentales, p. 451 (1882).

LAVATER. — Essai sur la physionomie (1803).

LETOURNEAU. — Physiologie des passions, p. 165 (1868).

LANNELONGUE et MÉNARD. — Affections congénitales (1891).

LAROUSSE. — Dictionnaire encyclopédique, p. 104.